阅读成就思想……

Read to Achieve

治愈系心理学系列

# 边受伤边成长

## 超越依赖与自卑 修订版

愛されなかった時どう生きるか

甘えと劣等感の心理学

[日] 加藤谛三 ◎ 著
张小溪　榛子 ◎ 译

中国人民大学出版社
· 北京 ·

图书在版编目（CIP）数据

边受伤边成长：超越依赖与自卑：修订版 /（日）加藤谛三著；张小溪，榛子译. -- 北京：中国人民大学出版社，2022.3
ISBN 978-7-300-30019-1

Ⅰ. ①边… Ⅱ. ①加… ②张… ③榛… Ⅲ. ①个性心理学—通俗读物 Ⅳ. ①B848-49

中国版本图书馆CIP数据核字(2021)第229477号

**边受伤边成长：超越依赖与自卑（修订版）**
［日］加藤谛三 著
张小溪 榛子 译
Bianshoushang Bianchengzhang：Chaoyue Yilai yu Zibei（Xiudingban）

| | | | |
|---|---|---|---|
| **出版发行** | 中国人民大学出版社 | | |
| **社　　址** | 北京中关村大街 31 号 | **邮政编码** | 100080 |
| **电　　话** | 010-62511242（总编室） | | 010-62511770（质管部） |
| | 010-82501766（邮购部） | | 010-62514148（门市部） |
| | 010-62515195（发行公司） | | 010-62515275（盗版举报） |
| **网　　址** | http://www.crup.com.cn | | |
| **经　　销** | 新华书店 | | |
| **印　　刷** | 天津中印联印务有限公司 | | |
| **规　　格** | 148mm×210mm　32 开本 | **版　次** | 2022 年 3 月第 1 版 |
| **印　　张** | 5.625　插页 1 | **印　次** | 2022 年 3 月第 1 次印刷 |
| **字　　数** | 100 000 | **定　价** | 55.00 元 |

## 本版序

有的人从来没有享受过被爱的感觉，这是因为他们从小就害怕被人抛弃，从而终日生活在恐惧之中。“害怕被人抛弃”虽然看上去只是一句平淡无奇的话，但实际上却是一种十分难缠的恐惧感。之所以说它难缠，是因为这种感觉会一直持续到你长大成人，并对你的性格造成极大影响。

也许你很难忘记自己小时候被人冷落的经历，那种经历让你深感恐惧。你或许还被大人威胁过“再这样就不管你了”，或是其他种种类似的事情，这些经历都让你难以忘怀。儿童精神分析学家鲍尔比曾经说过：“最令人恐惧的事情莫过于当你需要依靠他人时，身边却无人应答。”如果你也有过这样的经历，那我想你一定会感同身受。

甚至，当你长大成人后，还会时常面临这种被抛弃的恐惧。大多数情况下，你根本意识不到自己还残存着这种恐惧感，但却会在不知不觉中受它支配，在它的驱使下做出一些离谱的事——你正在为自己的性格所累。

我认为，有些人的性格之所以异常执着，也是源于这种对被抛弃的恐惧感。他们工作起来十分投入，因为他们害怕如果不这样做，周围的人就会抛弃他们。但对于这种想法，他们自己是意识不到的。他们在与他人交往时之所以总会感到紧张不安，是因为他们害怕一旦自己的表现满足不了别人的期待，对方就会抛弃自己。

在向他人展示自己的优势时，他们会感到十分紧张，因为他们总是不可避免地产生一种对被抛弃的恐惧。当然，他们也会因这种性格而感到苦恼："为什么我一跟人打交道就会焦虑呢？""为什么我就不能像那些爽快的人一样对什么事都'云淡风轻'呢？"他们时常会因自己这种古怪的性格而哀叹。

而这些正是萦绕于他们身畔的儿时恐惧所形成的梦魇。

对孩子来说，父母表现出的不耐烦无疑是一种酷刑。他们害怕不知道什么时候自己就会被父母抛弃。反复经历这样的恐惧会对孩子的性格产生十分强烈的影响。如果孩子在这种恐惧感的支配下长大，那他们对爱的需求就无法得到满足。因此，他们对被爱的渴望就会十分强烈。他们希望遇到的每个人都能喜欢自己。然而，尽管他们希望如此，但内心却缺乏自信。若我们处于这种境况之下，该如何是好呢？这就是本书想要讨论的主题。

其实我就是抱着这样的不安一路走过来的。如果这本书的出版能够帮助更多的人解决他们的焦虑问题，那我实在是荣幸之至，没有什么比帮到别人更令我开心的了。在此感谢出版社的平野玲子女士对我的帮助，借此机会表示衷心的感谢。

## 旧版序

有一天，我突然想到“不被爱的时候该如何生活”这句话，并发现，自开始写书以来，我就一直在思考这个问题。

很多年前，当我开始写书时，曾写过这样一句话：“不要和别人做比较，要活出自己的人生。”

人不是因为自卑才和别人做比较的，而是因为比较才自卑的。那些在爱的呵护中长大的孩子是不会有自卑感的。这本书的主题“自卑感”就源于“不被爱的时候该如何生活”这一问题。换言之，我们该如何应对内心因缺爱而产生的不安和纠结？

那些不被爱的人在人生的旅途中经常会走错路，他们会在内心筑起一面高墙，将自己封闭起来。于是，在追求安全的同时，他们也背离了幸福。

神经过敏、容易受伤的人，异常内向、经常紧张的人，明明怕事却要强行立威的人，缺乏自信却总要与他人比较从而感到自卑的人，暗藏怨恨并偷偷幸灾乐祸人……诸如此类的人，命运注定坎坷。

也就是说，在人生初期，他们把所有精力都放在满足周围人的期待上，因为只有得到爱，他们才能活下去。比如，一个在不被爱的环境中长大的人，一旦失恋就很容易产生报复心理，甚至会为那个抛弃自己的人放弃自己的一生。而那些在爱中长大的人就不太容易走上歧路。他们爱的方式很自然，生活的方式也很自然。

很多从未得到过爱的人好不容易降生于世，却要伴随着屈辱感终此一生。这里我所说的“从未得到过爱的人”指的是那些习惯于看他人脸色、迎合周围人需要的人，只有这样做，他们才能被他人视为“好孩子”，才会被接纳。

有的人一生幸福，而有的人却终生与不幸为伴。

我们怎么能允许这样的事情发生呢？

这本书就是要告诉那些在人生初期就饱受来自周围的重压并因此而痛苦的人，如何才能走向幸福。

# 目 录

## Chapter 1

## *Chapter 2*

## *Chapter 3*

## *Chapter 4*

## Chapter 5

## *Chapter 6*

# Chapter 1

# 为什么你总是得不到爱

## 提防会带给你压力的恋人

心智成熟的人只会要求别人做力所能及的事情，而心智不成熟、欲壑难填之人，总会将一些无理要求强加给亲近的人。

比如，一位社交孤立的父亲在和儿子相处时，就会给儿子施加很多不必要的压力和责任。如果这位父亲在工作中和同事相处得不融洽，也无法活跃在各种社交场所中，那他回到家后就很可能会为了消除自卑感而将一切怨愤都撒到儿子身上。在这种情况下，他的儿子不仅要扮演儿子的角色，还要扮演另外三个角色——欣赏他的领导、尊重他的同事和言听计从的下属。

如果可怜的儿子无法满足这些期待，就会引发他的不满。

如果一个没有知心朋友的男性突然走了桃花运会怎样呢？那他很可能会将原本应该在友情中得到满足的情感需求转向爱人，把爱人当“哥们儿”。很显然，爱人是无法满足这种要求的，久而久之，便会因这种无休止的要求而产生负面情绪。即使他嘴上没有明确提出要求，但他欲求不满的情绪也会影响到爱人，导致爱人和他相处时备感压力。

明明自己对爱人一点也不温柔，却一味要求对方对自己好。他们不断伤对方的心却不自知，毫无疑问只有分手一个下场。

相比之下，有的男性在公司里左右逢源，与上下级相处得都很好，并与学生时代在俱乐部里认识的红颜知己也维持着适度的友谊。如果与这样的男性谈恋爱，就不会产生那么大的压力。这样的人不会要求爱人去做其能力范围之外的事情，他们的内心是富足的，所以有余力去体谅对方；而那些内心欲求不满的人首先关注的是满足自己的情感需求，他们没有多余的能量去考虑对方的感受和想法。

当人们聚在一起聊天的时候，通常会选择那些彼此都感兴趣的话题。但是一名社交孤立、表达欲得不到满足的男性，往往会和爱人聊一些理应与男性讨论的话题，以此获得满足感。如果对方对这个话题不感兴趣，就会引发他产生新一轮的不满。

在性方面也是如此。最近的周刊杂志充斥着各种各样的性爱秘诀，很多女性都会以此为蓝本，希望自己的另一半像性爱秘诀中的男性那样去做。这无疑会让年轻男士们压力倍增，有些人甚至因此雄风不再。

人的欲望是在各种人际关系中得到满足的，但是，越是人际关系不好的人，越会把一切都寄托在当下仅存的人际关系中。其结果就是，连这所剩无几的人际关系也难以维系，最终走向终结。

## 依赖性越强的人，越追求绝对的爱

在大学教书的时候，我发现和那些人缘好的学生打交道非常舒心，交流的过程也很愉快；相反，和那些被同学们孤立的学生打交道，就会耗费我大量的时间和精力。

那些能和同学友好相处的学生在面对教授时，只会提出一些必要的请求，基本上不会提任何无理要求。他们能够充分享受与同龄人交往的乐趣，在与年长教授的交往中也很懂得分寸，当然他们也很少有什么在同龄人中未竟的需求需要转移到教授身上。因此，他们和教授之间便能保持健康、良好的师生关系。毕业后，随着时间的推移，他们与教授之间的亲密度还会增加。比如，有些人会邀请教授做自己的推荐人，这样一来，他们之间就会有更进一步的接触，关系也就会越来越近。

而那些被同学们孤立的学生，会将所有的社交需求强加给教授，甚至渴望从教授那里得到从学生时代就开始交往的挚友之间才可能有的心灵交流。

这样的人一旦坠入爱河，在与爱人相处的过程中，就会向其索要自己头脑中想象出来的所有情感。这样一来，他就会对爱人产生极强的独占欲，将其视为自己的所有物，要求绝对的爱。然而，爱人也是有血有肉的人。无论爱得有多深，如果对方无止境地索取绝对的爱，都会感到窒息，想要逃离。

要求一个有独立意识的成年人对自己言听计从，根本就是一件不可能的事。

要求绝对的爱，恰恰反映出这个人自身情感的巨大缺陷。只有那些有着强烈自卑感、情感需求得不到满足的人，才会向爱人要求这么不现实的东西。也就是说，正是因为依赖性强，才会要求绝对的爱；正是因为内心深处对生活怀有敌意和恐惧，才会把爱人视为自己的所有物。

有的人的嫉妒心比常人更甚，这样的人依赖性通常很强，因为他的内心经常充满了敌意和恐惧。嫉妒比常人更强烈，说明他对对方的要求超出了合理的范围。如果真的深爱对方，就不会要求对方去做其力所不能及的事。毕竟在男女关系中，不管双方心智是否成熟，他们都是相互吸引的。但是，喜欢和爱完全是两码事。正因为如此，男女关系才会充满矛盾。

## “恋母情结”的精神构造

有人可能会认为，“恋母”不是一件理所当然的事情吗？但是，当你实实在在地与具有“恋母情结”的人相处时，就会发现这件事其实没那么简单。

首先，我们来看看那些小时候缺少母爱的男性，长大后会有什么样的表现。

这样的男性如果开始一段恋情，那么，他会仅仅把爱人当爱人吗？绝非如此，除了向爱人索取两性之爱，他还会从爱人身上寻求自己那曾经缺失的母爱。比起保护爱人，他更想让对方保护自己，因为他在与母亲的关系中没有得到必要的保护。他会对爱人撒娇、说一些任性的话，但却容不下对方的任性。因为他在与母亲的关系中没能真正做个孩子。

他们不会为爱人的幸福而付出任何努力，但却会向爱人无止境地索取，什么都想让爱人做。而且，不管他们的要求有多离谱，他们都不觉得自己有什么问题，或者自己是在无理取闹；相反，如果得不到满足，他们就会埋怨对方“太冷血了”。

简言之，那些从小没有从母亲那里得到情感满足的男性，长大后不会懂得如何去爱别人。即使爱人的表现近乎完美，他们也会觉得对方做得不够，从而产生不满。

此外，这类男性在心理上也会对母亲产生很强的依赖感。他们决不允许自己的母亲被旁人贬低。有些人甚至会将现实中的母亲与自己理想中的母亲相混淆。也就是说，明明冷落他们的是他们的母亲，给予他们关爱的是他们的爱人，但他们却会指责爱人冷漠。这可不是他们在无理取闹，他们的确是这样认为的。

他们现在的内心需求本应通过和母亲的关系得到满足，但不幸的是，他们那糟糕的母子关系让他无法做到这一点，所以他们才会从爱人身上寻求满足。有一些男性能够意识到这个问题，和这样的人相爱还不算太坏。但大多数情况下，这类人根本意识不到这一点。

那些从小被母亲忽视、不加管束的男性或许还能意识到这个问题，但那些在母亲的过度保护下长大的男性就很难有这种自觉。在我看来，亲子关系之所以会对其他人际关系产生极其重要的影响，就在于它其实是一切关系的起点。

那些在亲子关系中获得充分满足的人和朋友也能相处得很好。而这也是他们和恋人建立健康关系的基石。像这样能够与他人合作、能够建立亲密关系的人，在公司里的人际关系也不会差。

如前所述，在与母亲的关系中，有些男性的情感需求得不到满足，不仅如此，他们对恋人竭尽全力的爱也会感到不满。最终，过分的要求往往会导致关系的破裂。于是，这样的人开始宣扬绝对的、理想的爱。

他们没有意识到，他们之所以会如此，是因为尽管他们早已成年，但他们在心理上还是个幼稚的宝宝。

要想从人际关系中获得深层次的满足，就必须从对方身上寻求能够寻求的东西。美国女性心理治疗师弗洛姆·莱希曼（Fromm Reichmann）在对抑郁症患者的研究中指出，抑郁症患者通常不接受自己有一个“坏母亲”的命运。也就是说，他们深信“坏母亲”是“好母亲”，从而牺牲了自己正视现实的能力。如果一个人在“有时被过度保护，有时又被强烈排斥”这种缺乏一贯性的教育方式下长大，那他就会一直活在“只要妈妈露出笑脸”的追求中，从而很难承认自己的母亲是一个冷漠的人。

## 开启内心的防御机制，反而会陷入另一种不幸

有一种人无论如何都做不到自我认同，他们不允许别人看到自己的本来面目，也很难接受真实的自己。这不难理解，换句话说，正是因为连自己都不接纳自己，才害怕被别人看到真实的自己。

不让别人知道自己的真实感受是他们保护自己的一种手段，

而这恰恰会给他们的内心带来负面影响，进而导致人际关系出现问题。如果一个人无法与他人建立相互信任的关系，那他也就失去了亲和力，会令人敬而远之。

这些人在长大成人的过程中，大多被父母教育要“知恩图报”。而以恩人自居绝对不是一种爱的表现，这对孩子来说是百害而无一利的。

有的家长总是不厌其烦地对孩子强调“我辛辛苦苦把你养大”“为了养活你，我吃了多少苦、受了多少罪”。在这种环境中长大的孩子就会不自觉地对他人产生防备心理。

比如，有时候，别人给他们提供了一些建议。但即使那些建议很有用，解决了他们的难题，他们也不愿意承认。因为承认就意味着要领别人的情，要忍受别人那种以恩人自居的态度。有这种想法的人往往都是在上述环境中长大的。

他们很难理解现在接触的人与自己的父母是不一样的，所以他们会产生一种错觉：感谢对方的好意，就要重新回到那个为噩梦般的“恩情”而痛苦的岁月。

纽约精神分析师乔治·温伯格（George Weinberg）指出，很多患者都喜欢说：“你说得很对，但是……”在听到建议或忠告的时候，很多患者都会回答“你说得很对”，但却不承认这些话对自己有用。他们害怕承认这一点。似乎一旦承认对方的帮助，就等于欠了他的人情，这会给他们造成很大的心理负担。因此，即使真的赞成对方的说法，他们也会为了逃避这种心理负担而说“但是”。

简言之，在这种“感恩教育”下长大的人，无法坦诚地面对别人。如果对对方坦诚相待，他们就会因不知对方会对自己做什么、说什么而陷入恐慌中。

那些以恩人自居的人会将自己的价值观强加给另一方，在这种情况下，另一方就会感到自己没有价值。在这种环境下长大的人毫无疑问很难做到坦诚做人、坦率做事。

## 乖僻的人自尊心很强

如果你的父母总是喜欢以恩人自居，那么比起坦诚，你会更希望别人看到自己的价值。

面对对方的善意，如果坦率地说“多亏了你，帮了我大忙”，就会产生一种噩梦重现的恐惧感。我本人就是在类似的环境下长大的，所以我深知那种动辄要求别人感恩的环境带给孩子的无价值感是多么地根深蒂固，即使你把这种感受说给别人听，也没有人会相信你。据说，抑郁症患者也很难寻求他人的帮助，这恐怕也是同样的原因吧。向别人求助这件事，或许也会激起他们孩提时代被深深植入的无价值感。

那些总是以恩人自居的父母经常会让孩子觉得“我真没用”。在亲子关系中，如果父母一味地将恩惠强加给孩子，孩子就会觉得自己很无能、很没用；反过来，如果孩子认可自己的价值，觉得“我能行”，就会刺激父母产生无价值感。为了维持自己的价值感，父母就会不停地强调自己为孩子做出了多大牺牲。人都会因自身的价值受到威胁而感到不安。

对于那些以恩人自居的父母来说，为了维护内心的安全感，就必须让孩子觉得自己是个没用的人。只有孩子产生这样的感觉，他们才能将自己的弱点隐藏起来。

温伯格在自己的书中是这样描述那些被“恩人”父母养大的孩子的：“一旦别人说了什么对自己有用的话，他们就会感到十分屈辱。”也就是说，他们一直生活在屈辱之中。父母总是要求孩子对自己感恩戴德，对于孩子来说，这让他很难抬起头来做人。

在这种“感恩教育”下长大的人，其很多行为背后隐藏的动机就是这种屈辱感。这样的人很难和别人合作，在工作中很容易成为别人的麻烦。他们经常表现得很固执，别人怎么劝都不听。在那些人际关系不好的人中，也有人会有这种隐性的屈辱感。他们非但不能坦然接受别人的好意，反而会极力否定它，试图证明这份好意对自己没有意义。除此之外，他们在工作中也无法接受他人的优秀提案，因为一旦接受就会激起自己内心深处的屈辱感。

久而久之，周围的人就会怨声载道，完全不想和他一起工作。我认识的一个乖僻的人甚至表示："我希望别人更讨厌我一些。"即使会因无法与他人合作而在职场中被孤立，他们也不会承认这一切的根源在于其内心深处的那份屈辱感。

尽管看起来，这样的人和那种八面玲珑的人很不一样，但其实他们的内心世界却很相似，都充满了屈辱感。

实际上，那些八面玲珑的人依赖性也很强，且自我评价较低。他们只有通过他人的评价才能感受到自己的价值，同样苦于无能感和无用感。那些嘴上说"希望别人更讨厌我一些"的人，其实心里想的是希望被别人更喜欢一些吧。只是因为害怕对方不喜欢自己，才会说出这样的话。他们和那些固执的人、八面玲珑的人一样，在受到排斥时比普通人更容易受伤。他们都因无法感受到自己的价值而痛苦。

## "老好人"的背后是罪恶感

如果一个人是被"恩人"父母养大的，那他自然不会认为自己的存在会让别人高兴，反而深信自己的存在对他人来说是一种负担。因此，他们无法轻松自如地与他人相处，而总是充满了紧张和恐惧。一旦他们觉得自己的存在给别人带来了负担，就会对对方有所顾忌。在这种情况下，他们就会觉得必须为对方做点什么，以消除自己心理上的不适。

对这样的人来说，吃亏真的是“福”，会让他们觉得踏实。但他们并不会因此就欣然接受吃亏，吃亏带来的不快感仍然会隐隐作祟。从这个意义上说，无论如何他们在人际交往中都会感到不舒服。如果一个人在幼年时期就觉得自己的存在对周围人来说是一种负担，那真的是一场悲剧。

著名精神分析学家卡伦·霍妮（Karen Homey）认为，自我轻蔑会产生四种结果。其一就是允许他人“滥用”自己。虽然没有研究解释为什么会这样，但我认为根源还是在于当事人为了避免觉得自己是个负担，从而原谅了别人的蛮横。如果这个人很有钱，那在与他人的交往中，他就会有意让对方受益，让自己吃亏——他从心理上就无法进行对等的交易。如果这个人没什么钱，那他就会为对方提供免费的劳动。

久而久之，周围的人就会给他贴上“老好人”的标签，并把他当傻瓜戏弄。在幼年时期的亲子关系中，如果父母总是强调为孩子付出了什么，孩子得到了多少恩惠，那对于这些孩子来说，仅仅是和父母在一起就会让他们觉得亏欠了父母。这样的人长大后，在与别人的交往中，即使客观上与对方之间没有利益关系，他们也会觉得受到了别人的恩惠，并将对方视为恩人。他们会在脑海里一遍遍地回放童年时期父母要求自己感恩的画面。正因为如此，他们才无法抗拒对方对自己的肆意利用。但在被利用之后，他们又会感到愤怒、抑郁或悲伤。

从幼年时期开始，只要遇到了什么困难，或发生了什么不好的事，父母就会说“这都是为了你”。即使遇到了什么好事，父母也会说“这都是我们辛苦付出得来的”。在心理层面上，这样的人无法和父母建立联结，他们渴望的父母之爱始终没有得到满足，从而导致他们成年后很想和谁在情感上联结在一起。正因为如此，即使吃亏，即使被人任意利用，即使因此心有不甘，他们也不愿与对方断绝关系。这种矛盾的心情让他们很苦恼。维持关系再不快，也不能断绝关系。因为断绝关系会让他们产生一种罪恶感，美国女性心理学家菲特·塔克（Fit Taker）把这种感觉称为“假罪恶感”，因为这种感觉并非源于真正的“罪恶”，而是源于自己的正当需求，他们其实是在为自己的正当需求感到罪恶！此外，这种人在识别真正的罪恶方面很迟钝，他们往往不会对别人的不正当要求说“不”。

## 不被爱的人会生出奴性

我经常翻译乔治·温伯格的著作，其中有一本名为《自我创造的原则》的书，讲述了一个叫妮莉的女孩子的故事。

> 妮莉是家中的长女，备受宠爱。但是弟弟出生后，父母的注意力就转移到了弟弟身上。她发脾气也好，装病也好，始终得不到父亲的关爱和注意。后来，当她装作帮忙做家务的时候，她终于得到了父亲的认可——父亲表扬她真是个“好孩子”。于是，她便将自己的定位改成了顺从的帮手、仆人、有用的人，并以此作为自己的立身之本。之后，她长大成人，离开了家。
>
> 但是，她一旦喜欢上年轻男子，就会不停地为对方服务，比如给他做饭、收拾房间、打印报告，甚至为他系衬衫扣子。为什么她要这样取悦对方呢？因为她要证明自己的可贵和价值。她最初的性体验也不是为了共享喜悦，而是为了取悦对方。

温伯格写道，正因如此，她的人生开始出现两个问题。其一，一提到结婚，她就会感到深深的恐惧和绝望。因为一旦关系亲密到谈婚论嫁的程度，她的内心深处就会笃信：这个男人爱的根本不是她这个人，而只是想要一个不花钱的佣人和妓女。其二，和她交往的男性都是“一路货色”，都是那种狡诈、喜欢利用别人的人。更可怕的是，即使对方一开始不是那样的人，她也会把他“培养”成那样的人。

温伯格将她这种行为称为“奴性”。霍妮则称之为“abuse”。“abuse”有恶言相向、滥用权力、胡乱驱使、虐待、强迫等意思，在侮辱女性的时候也会被经常用到。这类人从内心深处渴望与他人进行温暖的心灵交流，因此才会任由他人利用，不过，他们始终无法体会到温暖的交流。妮莉的父亲即使在临终时，牵挂的也是她弟弟，这让她感到很绝望。

因为情感需求得不到满足，很多人的人生成了一场悲剧。

妮莉的情况只是没有得到父亲的关注而已，那些“恩人”父母给孩子带来的扭曲恐怕只会有过之而无不及。如果一个人是因为想帮你才帮你的，那这算不上恩情。所谓恩情，指的是为你做了很多很辛苦、很不愿做的事。一味领情、“感恩戴德”会让人觉得自己不仅一无是处，还是对方的累赘、包袱。因此，不管是对喜欢的人还是讨厌的人，他们都会表现出一种奴性倾向。不好好思考不被爱的时候该怎么生活，就会在不经意间走上一条贬低自己、压榨自己的不归路。

## 付出是一种生产型行为

有些人喜欢付出，而有些人则觉得付出会让自己吃亏。用弗洛姆的话来说，这就是两种截然不同的性格：生产型性格和非生产型性格。非生产型性格的人会觉得付出是一件很痛苦的事情。即使是为了孩子，他们也会觉得难以忍受。而且，正因为如此，他们才会把付出视为一种美德，在付出的时候产生一种施恩的感觉，而且觉得“承恩”的人必须要表示感谢。即使自己给予的是对方不想要的东西，对方也要心存感激。在这种非生产型性格的人影响下长大的人很容易变得畏首畏尾。不管别人为自己做了什么，都很难感到开心，因为他们觉得自己不配得到他人的爱。自己不仅渺小，而且还得依赖他人才能活下去。这让他们充满了愧疚感。忧郁亲和型的人内心也充满了这种感觉。

“对不起”“真的非常抱歉”，面对他人，他们总是带有一种亏欠感。而他们之所以如此，就是因为他们是在非生产型性格的人的阴影下长大的。

所谓的“情分”不也是如此吗？当别人给予你一些好处时，你之所以会觉得这是情分，就是因为对方实际上并不那么情愿为你付出。

付出是生产型性格潜力的最高表现，这种人在付出中体验自我的价值。弗洛姆说，体验这种令人兴奋的东西——价值感，会让人充满喜悦。如果人们都这样付出的话，那就不会有什么“情分”之类的说法了。

如果如弗洛姆所说，我们在付出中体验到了生命的意义，所以给予比接受更令人快乐，那么也就不存在什么“为自己的无能感到内疚”了。情绪成熟的父母会因照顾孩子而感到喜悦。虽然都是在为孩子辛苦付出，但生产型性格的父母却能从中感受到付出的快乐，所以他们会觉得比起对孩子的付出，孩子给予他们的更多，所以他们不会以“恩人”自居，天天教育孩子要“感恩”。

在恋爱中同样如此。如果你觉得为恋人付出是在牺牲自己，那你还是省省吧。因为即使你做了，对方也会觉得有压力。在我看来，只有当你享受对爱人的付出时，你才是真正爱上了对方。

我们经常会通过为他人做些什么来感受自己活着的意义，但只有当我们心甘情愿、自然而然地为他们做这些事，而不是煞有介事地去做时，才会真正对别人和自己都有好处。如果你只是为了对他人产生某种影响而去做，那还是不做的好。当然，我指的仅仅是个人交往，政治家的政治活动除外。如果你觉得不牺牲自己就无法为他人付出，那你最好反思一下自己是不是太依赖对方了。

## 不爱别人的人，也不会被别人爱

一旦你走近那些欲求不满的人，他们就会开始要求远远超出有血有肉的你所能提供的东西。一个人要想获得精神上的成长，需要被爱。就像身体的成长需要阳光、空气和水一样，情绪的成熟需要爱的滋养。那些被孤立、欲求不满的人本质上都很缺爱。他们情不自禁地渴望得到爱，从而不知不觉中变成了利己主义者。比起付出，他们更追求得到；比起理解对方，他们更希望被理解。但很显然，如果不果断地改变追求的方向，他们是得不到所需要的爱的。

总而言之，人是因为没有得到爱才会觉得爱很重要，然而，也正是因为他们认为爱是必需品，所以才会得不到别人的爱。正所谓“不幸的人一生都会不幸”。

那些在父母的爱中长大的人不会刻意从他人那里寻求关注和绝对的爱。他们不会有太多要求，也不会要求对方做一些做不到的事，因此深受人们的喜爱。而那些不被爱的利己主义者长大后，会认为对别人的付出是自己的“损失”，因此不管对于什么事，他们都会斤斤计较、小算盘打得噼里啪啦响。尽管大家都不是靠喝西北风为生，谁都会有算计的地方，但我们也很重视感情，并不是所有的人际关系都会去做成本 – 收益分析。

但是那些缺爱的利己主义者，即使面对自己的恋人，也会先盘算一下得失。他们对恋人要求一切，而自己却不能心甘情愿地给予。我在做电话咨询的时候就遇到过那种谈恋爱时也会把钱放在第一位的人。要是真没钱就不说了，问题是有的人明明很有钱，但还是觉得和恋人下馆子的次数多了很浪费。更过分的是，有的人还会把每次约会花了多少钱记下来，以防哪天感情破裂，好有“证据”让对方把钱还给自己。

这些问题在同居后会变得更加明显。谁花钱、如何花钱会变成一件极其重要的事。按理说，如果你希望得到恋人的爱，那你在为其花钱的时候，不应该痛快、大方点吗？但利己主义者是不会这样做的。可能刚开始的时候还好，但渐渐地就开始心疼钱，“这真是太浪费了”的想法会愈演愈烈。

有的女性也会有这样的想法。有些人甚至会在和恋人维持性关系的时候索要钱财。说出来你可能不信，我真的在电话咨询中遇到过这种人，她们向我咨询如何开口向伴侣要钱，问我有没有什么“巧妙”的办法。

恋爱谈到这份上，也差不多该结束了。然后，他们开始埋怨对方，丝毫不觉得导致感情走向末路的是自己的自私、算计和患得患失。

那些在爱中长大的人会在给予中感受到喜悦。他们并非为了避免成为利己主义者而勉强自己去付出，而是真的能够从付出中收获快乐。他们不会强迫别人把自己视为恩人，因此，承情的人也会感到很轻松，从而发自内心地感谢他们。

那些在爱中长大的人会记住别人为自己做的每一件事，但却很容易忘记自己为别人做过什么。而不被爱的人则恰恰相反，他们会牢记自己为别人做的点点滴滴，却把别人为自己做的事忘得一干二净。

如果你从小没有得到足够的爱，那你更应该感谢别人为你付出的一切。尤其是那些和你亲近的人，也许你早已习惯了他们的付出。人总是会在无意间忽视那些与自己长期相处之人的付出，但实际上对于他们的付出，你应该更敏感才是。

如果你已经意识到自己是一个利己主义者，那请不要忘记在付出的时候体验喜悦。那些对付出感到喜悦的人，会收获安稳与和谐的人生！

对于不被爱的人说，确实很难去爱别人。但是，如果他们长大后不积极地改变自己，那他们这一生都将伴随不幸。

# *Chapter 2*

# 爱是如何变成恨的

## 为什么有人会觉得“世界应当为我服务”

有些人认为世界上的一切都是理所当然的，这种人就是霍妮所说的神经症患者。神经症俗称神经官能症，其典型症状为被莫名的焦虑所困扰。谁都有无法实现的愿望，但大多数人都明白，愿望终究只是愿望，他们不要求周围的世界去实现自己的愿望。神经症患者则不然，他们认为自己的要求理应得到满足；他们无法摆脱自我中心性。

举个例子，不管是谁，只要买了股票就希望能上涨，但我们不会因此认为股票就“本应”上涨，更不会“要求”股票上涨，我们也不认为自己有那样的权力。因此，股票下跌的时候，尽管难过，我们也不会觉得有什么好愤愤不平的。但是，神经症患者是怎样的呢？他们有一种强烈的权力感，觉得自己不是一般人，自己买的股票就“应该”上涨，因此他们无法接受哪怕一丁点亏损。在谈恋爱的问题上也是如此，在他们看来，失恋都是别人的事，“我”怎么可能会失恋？

按理说，恋爱的麻烦无论遇到哪一种，都是“常有的事”。但神经症患者却会觉得这种事对自己来说极其不公平。在此，我想引用霍妮在《神经症与人的成长》（*Neurosis and Human Growth: The Struggle Towards Self-Realization*）一书中描写神经症患者想法的一句话：“世界应当为我服务。”

正是由于觉得周围的世界都应该为自己服务，他们才会在很多时候觉得不公平。如果自己与别人被同等对待，他们就会觉得不合理，就会要求“特殊待遇”。例如，有个患神经症的学生暑假在建筑工地打工，一直喋喋不休地和别人述说自己的感想：“汗流浃背时的艰辛宛如堕入地狱，劳动结束之后的喜悦又仿佛上了天堂……这就是体力劳动的意义。”听他所述就好像他真的在天国、地狱走了一遭似的。除此之外，他还会时不时嘲讽一下其他学生：“只知道读书，不知道出来看看世界、见见世面”。他便是要借此强调“这就是我”。他不能容忍被人单纯地认为是个“打工的”。即使他做的事和别人一样，也不允许他人将自己与别人相提并论。

正常人不会觉得自己拥有什么特权。如果我们做的事和别人一样，就会被看成和他们一样的人；我们会和别人一样失恋，和别人一样蒙受损失。话虽如此，没有人希望失恋或吃亏，都希望能尽量避免。如果可以的话，我们都希望恋爱顺利，投资有回报。神经症患者和非神经症患者的不同之处就在于愿望无法实现时的感受方式。对于心理健康的人来说，当愿望无法实现时，不会感到不公平或不合理，也不会感到愤慨。而神经症患者却会感到很恼火，他们很难接受事情本来的样子。

## 无法接受失恋的你就像个孩子一样

通常来说，心理健康的人在经历丧失后会有什么反应呢？没有人会在遭遇事业失败、失恋等挫折时立刻放弃，随即就去追求别的目标。大多数人都无法立刻坦然地接受，他们会觉得“我是不是在做梦？”或者“是不是哪里搞错了？”比如，对于失恋来说，他们会想“那个人是不是在试探我”或者“总有一天他还会回来的”，而不是承认失恋这一事实。之后，他们可能还会怨恨抛弃自己的恋人，甚至感受到强烈的愤怒。但在经历过这样的时期后，大多数人最终都会接受丧失：果然还是不行，那只好放弃。之后，他们会遇到新的点燃其热情的人。这就是心理健康的人经历丧失后的哀伤过程。

正如马斯洛在其所著的《动机与人格》（*Motivation And Personality*）一书中所说：

爱的解除，对于一辈子被人爱、相信爱的人来说，构不成多大的威胁。

但是，并不是所有人都是这样从丧失走向重生的，神经症患者很难顺利地做到这一点，毕竟他们深信“世界应该为自己服务”。尽管面对失恋，很多人都会愤怒地说“我要恨你一辈子”，但大多数人的恨意都会随着新恋情的出现而消失。但是，世界上也真的存在一辈子憎恨前任、永远活在仇恨中的人。

霍妮在《神经症与人的成长》一书中是这么描述神经症患者的心态的：

> 我不应该被困扰。

在神经症患者看来，如果有人让自己感到困扰，那一定是那个人的错，是对方对自己的态度极其不当，自己本应活得无忧无虑，所有愿望都会实现。所以他永远都无法承认自己的失败，就这样止步于否认阶段，越想越生气，陷在持续烦躁的泥淖中不能自拔。只要他的意识里还存在着依赖性，他就无法振作起来，继续向前。

那些在溺爱中长大的孩子通常很难接受丧失，也不懂何为死心。这和上述的情况相同。即使一想到那些就觉得“好后悔、好难过、好痛苦，快要崩溃，眼泪都流出来了”，他们也依旧无法死心。

我认为这种“执着”的性格就是霍妮所说的神经症。他们对于失去的东西异常执着，似乎永远都缓不过来。如果你觉得对此很难想象，可以联想一下小孩子的行为。有的小孩子会在不小心打翻牛奶后哭闹个不停。即使你第一时间给他重新添满牛奶，也安抚不了他。他会一边哭一边告诉你：“这不是我刚才的牛奶，跟原来的不一样……”

那些无法接受丧失、永远都缓不过来的执着者，其实就是精神上没有长大的巨婴。当然，在接纳丧失和遇到新的目标之间，确实需要时间。即使意识到爱人不会再回到自己身边，意识到那段恋情已经终结，对他的思念也不会就此结束。

是先开始新的恋情慢慢忘记旧爱，还是先放下前任再去寻找新欢，抑或是同时进行，每个人的情况都不一样。

不管怎样，即使意识到自己真的失去了他，也不会让你的心情好起来。傍晚时分，或者和朋友吵架的时候，你可能会突然很想念那个人，很想见他，但是又觉得“我们已经结束了，还是算了吧”，这样的日子会持续一段时间。心理健康的人不会一直否认自己的丧失，他们会直面现实，慢慢接纳这一点。但这并不意味着与神经症患者相比，他们不容易悲伤；恰恰相反，他们感受到的悲伤可能比神经症患者更强烈。但是，心理上的健康就意味着他们能够承受住悲伤，勇敢面对现实。那些不承认失去，总是抱着前任照片的神经症患者，反而不容易悲伤。

心理健康的人懂得如何做了断。通常，他们会这么整理自己的情绪：

> 看着她的照片，我觉得她真美，真是太不可思议了，竟然有这么漂亮的女孩，而且还恰好出现在我的眼前。我真想再见她一面，哪怕就一面。但是我们之间已经结束了。我要追求新的人生。神啊，救救我吧！请帮助我忍耐三天，三天就好。

心理健康的人能够以这种方式说服自己，一段时间之后，他们的心情便会平静下来。

## "挫折使人成长"什么的都是谎言

那些错失梦想的人也是如此，无论到什么时候都会执着于这个梦想。经常会有大学生来咨询我"不喜欢现在的学校和专业，要不要退学，重新报考其他学校或其他专业？"对于大一新生而言，有这种困惑我还能理解，他们没能被心仪的专业录取，心有不甘，也无法全身心投入学习现在的专业。他们需要时间来接受这种挫折。但我不理解的是，尽管很少见，但还是会有一些大三、大四的学生来问我这个问题，还在为当年没能考上理想的专业耿耿于怀。他们之所以如此执着，就是因为无法接受现实，这样的人活得太累了。他们长期都处在一种紧张状态，即使什么都不做，也会陷入极度的疲劳。对于这类人来说，发现新的感兴趣的事物，或者找到新的人生价值，再次振作起来，真是太难了！

很多步入社会的人也会这样执着于过去的愿望，甚至有的人会在初次见面递名片时这样介绍自己："我本来不想来这家公司的……"，然后，他就会讲起自己当初找工作时本来想去的是A公司，但因为感冒错过了面试，最后没办法只好去了B公司，如此种种。看起来他已经放弃了A公司，但在B公司也没有全身心投入工作。这些人在经历丧失的时候，无法忍受内心的紧张情绪，以至于持续消耗自己的能量。这类人通常有点"轴"，无法灵活地应对各种状况。

神经症患者的一大特征就是紧紧抓住某个解决方法不放，即使别人提出更好、更现实的方法也无动于衷，他们完全听不进去。我认识一名大学生，他已经在大学读了五年了，还在跟我念叨"我其实想上别的大学"。在同一批入学的学生中，有些人已经毕业踏入社会，在职场上寻找新的自我价值，但他还在纠结于自己的执念。而且在他看来，只有实现这个理想，自己的烦恼才能得到解决。令人汗颜的是，尽管他如此执着于这种解决办法，却从来没有为此付出过什么努力，做过任何具体的准备。

常有人说，年轻的时候经历些挫折是件好事，但我并不这么认为。在我看来，不是经历挫折是件好事，而是经历挫折后，我们在失败、痛苦、烦恼、愤怒的过程中逐渐接受它，然后整理心情，最终找到新的目标，再次振作起来，这才是挫折的成长意义。但是，世上总有一些人无法顺利穿越挫折走向重生，神经症患者、性格执着的人、抑郁症患者、性格乖僻的人，等等，都很难实现"打怪升级"。还有些人，直到最后都无法坦然接受丧失，为了让自己活下去，他们试图歪曲事实，寻找各种借口。梦想实现不了的时候，有的人还会产生酸葡萄心理。由于人就是在挫折－重生的过程中成长的，因此尽管这些人看起来是成年人，但情绪却远未成熟。

当出人头地的梦想破灭时，有的人虽然内心无比渴望成功，嘴上却会说"出人头地什么的真无聊"。事业失败的时候，有的人虽然心有不甘，嘴上说的却是"我才不想靠那些肮脏的手段成事"。失恋的时候，有的人虽然还心存幻想，嘴上说的却是"终于和那个女人分手了，真是太痛快了"。这些人拒绝了从挫折到重生的循环，也就拒绝了成长的契机。对这样的人来说，世界会越来越小，路会越走越窄，因为他们害怕与新世界的接触会威胁到自己的价值。他们会用连自己都不认可的价值观来筑起壁垒，只为保护自己那可怜的、神经症式的自尊。

## 无法实现自我发展的人会沉迷于报复

那些无法完成挫折－重生循环的性格执着者和神经症患者会离真实的自己越来越远；相反，那些在爱中长大的孩子，由于能够自由地表达自己的真实感受，因此能够构建真实的自我。

与此相对，如果父母的情绪不成熟，孩子就无法随心所欲地表达自己的感受，他们会思考父母对自己的期待，并努力回应父母的期待。即使父母做的饭不好吃，他们也会说好吃；即使父母讲的笑话很无聊，他们也会努力挤出笑容。那些试图去揣测父母期待的孩子是无法成长为真正的自己的。相反，那些在强调“我们”而不是“我”的温暖的家庭中长大的孩子，在面对自己的缺点和不足时往往不会产生强烈的自卑感。

如果父母十分看重社会评价，孩子从小就被寄予厚望，那他在面对自己的缺陷时便会产生深深的自卑感。除此之外，那些被父母当作私有财产的孩子，还会觉得这个世界充满了敌意。不管怎样，像这样远离真实自我的孩子会通过凌驾于他人之上来确保自己的安全——只有比别人优秀，才能获得安全。

这样的人很难完成从丧失到重生的过程，他们非常执着于野心和名誉，因为这些可以消除他们的无力感和孤立感。即使意识到自己的失败，他们也无法死心，因为这关系到他们的安全感。

霍妮指出，在他们追求荣耀的心中，潜藏着复仇的冲动。与此相反，那些在爱的联结中长大的人，即使经历失恋、事业失败、朋友背叛等负性事件，也不会活在复仇中。他们会从挫折中站起来，发现新的奋斗目标。然而，那些在被忽视的环境中长大，或者在过度保护、过度干涉的环境中长大，在被他人当作私有财产的环境中长大的人，由于没有与他人建立牢固的情感联结，因此一旦经历丧失，就会产生报复心理，不仅报复别人，甚至还报复自己。这就是以自我为中心的人的世界。他们不去精进自己的资质和技能，而是将自己凌驾于他人之上，以侮辱别人为目的活着。最终，他们会表现出一副"我要活下去，我绝对不能死，我将为复仇而生，在复仇之前我一定会活下去"的嘴脸。霍妮所说的"在追求荣耀的心中，存在着一种复仇式胜利的冲动"，大概就是这个意思吧。

那些活在复仇之中的人最终都无法接受丧失，更别说发现新的奋斗目标，投入进去，重建新的精神家园了。他们的内心永远都充满了不安，复仇对自己和对方来说都是破坏性的。

"人生目的什么的都是屁话，摆在我面前的只有复仇。人应该怎么活与我无关，我活着就是为了报复那个人。"这样的人生有没有意义已经不是问题了，问题是复仇已经成了他的使命。被复仇蒙住双眼的人都有不幸的过去，他们想放弃也放弃不了。只有与他人建立情感联结，找到归属感，找到“我们”，他们才能放弃失去的东西。

抑郁症患者也会想办法挽回无法挽回的事情。丧失或失败是人在生活中无法避免的，那些幸福的人会超越悲伤，不久就会重建新的心理状态。但是，那些被父母视为自己的延伸和私有财产的人却会被复仇的烈火所淹没。

“只要看到那家伙被痛苦和烦恼折磨到皮包骨头，挣扎着死去的样子，即使我会因此被绞死也无所谓，即使太阳消失、地球毁灭也无所谓。”他们忘了要发展真正的自我，而是向着复仇式胜利而活。也就是说，他们的一生都在被失去的对象所支配。那些在被无视的环境或在被要求感恩的环境中长大的人，要想发展真正的自我，顺利地成长是极其困难的。不被爱的时候该如何生活，是人生最大的问题。

## 总在意别人的人，不是真的善解人意

神经症患者常常会在心中构建对别人的期待，并认为别人“本应如此”。这个世界上本不存在如神明一般完美的人，但神经症患者却很容易认定那个人就应该那样。这种“应该”，对于情绪不成熟的人来说，是一种很“简单”的思维方式。那些能够接受自己的软弱和任性的人通常都懂得同情自己、善意地解释自己；相反，那些不会依赖自己、不允许自己任性的人往往会用“应该”去要求别人。下面是一些“应该”的例子。

首先，我们都希望父母“应该这样”或者“应该那样”，比如“我希望自己的母亲是个温柔的女人”。虽然我的父母很娇惯我，但是他们完全不理解我。我直到 35 岁才渐渐意识到这一点。在那之前，我的心态一直都是“我希望他们能理解我”。我的父母如何对待我，完全取决于他们当时的心情——不是极端溺爱，就是极端严格，没有一贯的态度。有时，即使年幼的我极力迎合，极力讨好，也还是会被呵斥驱赶，被“弃之如敝屣”；但有时，我又会被他们抱在怀里。上小学的时候，有一天晚上，父母把我狠狠地骂了一顿，还叫我明天就去工作，但后来又像抚摸小猫咪一样抚摸我，跟我说我想玩到什么时候都可以。我经常被父母当作发泄不满的对象。

后来，我花了很长时间才明白，我父母本质上是拒绝我的。美国心理学家罗洛·梅在其著作《焦虑的意义》(*The Meaning of Anxiety*)一书中，讲述了这样一个案例：

南希患有焦虑性神经症，她一直觉得自己行走在悬崖边上。为了不掉下来，她一个石头一个石头地走，非常小心地前行。南希很在意别人对自己的看法。我认为这里最重要的一点是，有这种焦虑心理的南希缺乏明确对他人进行情感反应的能力。焦虑的人在情感上是退缩的，而那些不担心他人如何看待自己的人对他人的情感反应才会丰富。比如，当有人因取得某种成就而高兴时，他们也会表现出喜悦和赞美——“哇，你真是太棒了，干得漂亮！”相反，那些焦虑的人就不会表现出这种情感反应。越是完美主义的人，内心越不活跃，越不擅长对他人进行情感反应。

一个总是在意别人是否爱自己的人，当与别人一起在寒冷的天气出门时，不会下意识地想“他冷不冷”；一个只在意别人是否觉得自己优秀的人，也不会主动向别人伸出援手。那些只关注他人喜不喜欢自己、接不接受自己的人，是不会懂得关心他人的。他们所有的能量都被内心的焦虑“征用”了，因此无法顾及他人。南希的情况也是如此，她很在意同伴如何看待自己，她的安全感取决于能否确信他人是接受自己的。她的完美主义也是她用来被他人接受的手段。她深信，只要自己做得足够好，成功吸引了别人的关注，就不会被拒绝。像这样内心满是焦虑的人，哪里还有时间去体谅他人的痛苦？恐怕即使别人摔倒了，他也不会第一时间想到“有没有哪里受伤”。这种人总是要求别人关心自己，而自己却从不体贴他人。

## 过度保护其实是一种伪装的憎恶

关于南希，书中还写道：

> 任何拒绝都会让她感到遇到了非常严重的威胁，因此，她总是去取悦和迎合别人。她极度缺乏安全感，只要他人表现出一丁点恶意、攻击或者遇到冲突、欺骗，她的安全感就会瞬间土崩瓦解，其结果就是失控的焦虑与不安。

南希的焦虑源于她小时候与母亲的关系。她总是被母亲拒绝，但她自己却无法接受这一点。与大多数人一样，如果可以的话，她也希望母亲能够疼爱自己，对自己温柔。被母亲疼爱的孩子通常能够客观地看待自己的母亲，但是像南希这样“被母亲紧紧搂在怀里，但又被其严重拒绝”的孩子，很难客观地看待自己的母亲。一言以蔽之，与其他孩子相比，被过度保护的孩子长大后很难客观地看待自己的父母。过度保护就是一种伪装的憎恨。或者说，它本质上就是一种拒绝。

比如，那些对夫妻关系感到绝望的女人，为了消解不满，常常会把情绪发泄到孩子身上；那些对生活感到绝望的母亲，为了满足自己的某些欲望，常常会过度干涉孩子的行为；如此等等。过度保护就是过度干涉。特别是像南希这样的人，被母亲灌输

“离开我，你就活不下去”的观念，同时又被母亲拒绝、排斥。这简直就是悲剧。不幸的是，在当今的日本，到处都在上演这样的悲剧。在这种环境下长大的孩子，恐怕只有认为“父母都是爱我的，他们对我很好”才能活下去。

南希的情况也是如此。虽然她会抱怨母亲“比起照顾孩子，她更喜欢去酒吧”，但她却无法将母亲的种种行为整合成一个完整的母亲形象。“但是，在郊外的话，她是个非常好的母亲。”南希会这样为母亲开脱。在我看来，只要她做不到客观地看待母亲，不彻底离开她，她的焦虑就无法真正消除。

那些总是被紧张不安困扰、性格执着的人通常对工作很上心。但是，他们这样做实际上也只是因为不想被旁人批评罢了。除非能够离开母亲，否则不管到哪里，热爱工作都只是他们被旁人接受的一种手段而已。无论现实多么悲惨，都只有勇敢面对才有望改变，恢复往日的平静。

## 日本人的母性意识很危险

所有人都希望被母亲疼爱，这可以说是全人类的本质愿望。正因为如此，即使是屈指可数的美好回忆，他们也要紧紧抓住，认为“尽管……但母亲也有温柔的一面”。

罗洛·梅在书中还写道："南希在孩提时代，不仅想否认被母亲拒绝时产生的情绪，还想否认谈及这件事时产生的所有情绪。"

日本人的"母亲观"尤其明显。以二叶百合子作词的歌曲《岸壁之母》为首，日本的歌谣和电视剧中的母亲形象越来越多。解救人质时，说服歹徒也大多会提到他的母亲。在审判坏人的时候，新闻报道里也一定会提到他的母亲——通过描写旁听判决的母亲的样子，来谴责为人子的罪犯。

我认为，日本人之所以如此执着于母亲的形象，是因为大多数人都没有被母亲发自内心地爱过。如果大多数日本人都被母亲发自内心地爱着，那他们早就能够离开母亲独立了。那些得到足够母爱的孩子不会天天张口闭口"母亲"。正是因没有得到渴望的爱而产生的怨恨和想要被爱的心情之间的矛盾，导致母亲在日本人心中的地位如此之高。

日本人之所以倾向于把母亲理想化，我想正是因为焦虑性神经症在作怪。他们就像南希一样，无法客观地看待母亲。南希将母亲理想化，正是为了掩盖与母亲真实的关系。

日本人不也是这样吗？日本人不断地将母亲理想化，谁能说不是为了隐瞒自己和母亲之间的真正关系呢？

那些神经过敏、容易受伤的人，那些执着于追求威望的人，那些总是拿自己和别人比较的人，那些总是喜欢幸灾乐祸的人，都应该认真思考一下：自己有没有在回避和母亲真正的关系？

即使自己的母亲不够优秀，也完全没有必要因此而自卑。因为有这样的母亲，所以即使自己的心理有缺陷，也没有必要沮丧。但是，在人际交往中，焦虑性神经症患者会因此而退缩，他们会对母亲进行理想化，一边仰慕自己的母亲，一边又恨自己的母亲。

焦虑性神经症的基础，正是这种对母亲的复杂心情。

关于南希，书中还写道："母亲对我的拒绝，并没有被我当作一种客观现实接受，而是一直与我对母亲的理想化期待共存。"

南希之所以无法将母亲的拒绝当作客观现实接受，而将其与理想化的期待共存，大概是因为她在心理上还没有断奶吧。如果南希不是女性而是男性的话，那她也不可能和女性真正建立起亲密关系。在心理上断奶是正视父母的前提。只有能够如实评价自己的父母，才能被视为心理上已经断奶。如果对父母还有理想化的期待，那就说明一个人在心理上还没有断奶。

## 有的母亲本质上就是拒绝孩子的

人即使不被母亲爱，也会仰慕母亲。因为希望母亲爱自己，所以很容易把母亲理想化成有爱的人。尽管如此，夜深人静时，他们还是会发现，自己本质上还是不相信母亲。在这些人中，也有意识不到自己内心深处其实对母亲不信任的焦虑性神经症患者——因为太过仰慕母亲，所以把对母亲的不信任感压抑了下来。但他们对母亲的矛盾心理是不争的事实。

仰慕之情和不信任感之间的矛盾是焦虑性神经症的基础，会损害个体与他人亲密相处的能力。只有解决了这种矛盾，才能收获心灵的健康。尤其是那些依赖母亲的男孩，很容易永远仰慕从本质上拒绝自己的母亲。所谓的“从本质上拒绝”，是指尽管疼爱甚至溺爱孩子，但绝不允许孩子做自己。

也就是说，孩子只有抹杀内心的孩子气、活力和爱玩的一面，才能被母亲接受。这意味着“男孩子真是没办法”之类的理由在他身上是不成立的，他只能通过扼杀自己鲜活的一面来保护自己。当别人说“这孩子真是个好孩子”的时候，实际上这个小孩子自身的情绪、感受完全丧失了，内心也完全空洞化了。他从根本上被父母拒绝了。

当孩子牺牲自己的生命力，屈服于父母的控制欲时，父母会高兴地说："真是个乖孩子。"以这种方式得到"爱"的孩子还有很多。即使不被允许拥有自我意识，内心世界也得不到理解，他们也还是会仰慕母亲。他们也能感觉到，母亲是拒绝自己的，但很多时候，他们会将这种感受压抑到潜意识中，因为这太可怕了。在内心深处，他们已经看透了母亲是个利己主义者。要想消除焦虑，就有必要将潜意识中的母亲意识化。

罗洛·梅在前面提到的书中提到了纽约市一家叫作胡桃木之家的庇护所。他在那里进行了一项关于未婚母亲焦虑的研究。其中，对于不那么焦虑的露易丝，他是这么说的：

> 与南希的情况完全不同，露易斯在生活中并不指望自己的母亲会成为（或变为）一个好母亲。

能否将母亲的拒绝作为客观事实来接受，是一个人会不会患上焦虑性神经症的关键。那些患有焦虑性神经症的人会不自觉地期待母亲总有一天能理解自己；他们会幻想，要不是母亲身处那样的环境中，就一定会对自己更好。

越是希望被温柔对待的人，越会对对方抱有期待。那些哀怨丈夫嚣张傲慢的妻子，会用自怨自艾的方式来谋求子女的同情。当然，这世界上确实存在一些内心冷漠的母亲。客观看待这样的母亲，将她的拒绝当作事实接受，就会使人时刻被罪恶感缠身。

有的母亲还会对孩子说“我之所以没有跟你爸离婚，都是因为你”之类的话，将自己的不幸全部归咎于孩子。有些母亲会以自己的情感来揣度孩子，认为孩子的感受跟自己是一样的。这样的母亲缺乏同理心，却认为自己是爱孩子的。

明明是为了自己逃避痛苦和自卑，却偏偏说是为了孩子。母亲为逃避现实而开启的防御机制，将孩子也卷了进去。有时，她们之所以训斥孩子，仅仅是因为孩子的话激起了她们的焦虑和不安，但她们却不会承认这一点，相反还认为批评孩子是为了孩子好。

有的母亲对孩子说的话、做的事，并不是原原本本地接受，而是根据自己的自卑感做出反应，并评价孩子。尽管如此，每个母亲却都认为自己是疼爱孩子的。要把母亲这种本质上的拒绝当作事实来接受，而不让它成为内心矛盾的根源是很难的。母亲被自己的欲望和先入为主的观念所左右，并以此对待孩子。即使孩子变成了一个提线木偶，完全失去了自我，她们也会觉得自己是爱孩子的，而孩子也会因为顺从母亲而感受到“爱”。

为了排解心中的不满，有的母亲会要求孩子完全顺从自己，即使因此完全剥夺孩子的情感，她们也会认为自己是疼爱孩子的，而孩子也会认为母亲是个好母亲。正如罗洛·梅所说，“引发焦虑性神经症的基础冲突，正是爱与关心伪装成的拒绝”。父母越是假装关心孩子，孩子就越难以接受父母其实并不关心作为独立人的自己这一事实。一想到“父母其实是不关心自己的，即使自己不在了，他们也不会因此而感到寂寞”，孩子就不由自主地感到痛苦。但是，最重要的是要接受这个事实，不要对父母抱有理想化的期待。

## 对为人妻的母亲扭曲的期待

所有人都希望得到重要他人的关心。即使父母对孩子的关心是那种对所有物的自恋式的关心，孩子也会觉得自己至少是被关心着的。当然，还有一些父母会假装关心孩子。在共生关系中，一方的离去肯定会对另一方产生冲击。正因为如此，我们才会产生一种错觉，觉得这就是爱。如果孩子离不开自己的父母，就很难对父母进行客观的评价。他们在不知不觉中输给了渴望得到关心的愿望，并将父母理想化，从而制造了内心矛盾的根源。如果母亲真的对孩子表现出了同情和共情，那孩子的内心就不会产生矛盾，也就不会患上焦虑性神经症了。

如果父母能意识到，自己讨厌的事情，孩子有可能会喜欢，而自己想做的事，孩子有可能不想做，像这样把孩子视为与自己完全不同、拥有独立人格的人，才能真正地理解孩子。自己想和家人一起去旅行，就想当然地以为孩子也想这样，这样的父母是无法理解孩子的。所谓的“有同理心的理解”就是这么一回事。

如果父母能够对孩子抱有同理心，孩子又怎么会患上焦虑性神经症？那些从小被父母的温柔眷顾的孩子，即使家境贫寒，也能成长为内心富足的大人。

美国当年有一本畅销书——《如何才能成为自己最好的朋友》（*How to Become Your Own Best Friend*）。书中有一句话令我印象很深刻：最难的时刻就是当你想要放弃某些东西的时候。我想，和假装爱自己的父母分开也是其中一种吧。那本书的作者写道，其实你很早之前就失去那个东西了，你现在放弃的只是一个梦。的确如此，虽然父母一直在假装爱自己，但实际上他们是拒绝自己的，自己早就失去或者说从来就没有拥有过疼爱自己的父母。承认这一点也许是最难的，但你现在失去的只是单纯的梦想而已。作者还写道，爱和看起来像爱的东西之间的区别，在亲子关系中能很清楚地看到。

有多少人是这样靠着幻想、通过紧紧抓住束缚自己的锁链活着的啊。那些对父母抱有理想化期待的人，对父母以外的人也会有幻想。在《如何才能成为自己最好的朋友》一书中，作者写道：

> ……首先能够明确的一点是，如果对父母的期待与现实大相径庭，那么当他们将来面对别人时，就无法准确评价对方与自己的关系。其结果就是，他们会陷入主观性矛盾或随之而来的焦虑循环中。

在我看来，如果一个人对母亲抱有不切实际的期待，那他在结婚后也会遇到很多不顺心的事情。这类人无法实事求是地评价自己的妻子，总是期望妻子能够做到这样那样。但现实中的妻子怎么可能处处如他们所愿，这就很可能招来他们的不满。他们一味地要求妻子对自己温柔、关怀备至，但却不愿这么对待妻子。他们希望妻子能够容忍自己的肆意妄为，却忍受不了妻子的丝毫任性。

他们想说什么就说什么，丝毫不考虑妻子的感受。但是如果妻子说了伤害他们的话，那事儿就大了，他们会不依不饶。为了不让自己再受矛盾心理的折磨，他们总想追求“完美”的女性，但谁能真正做到完美呢?

没有谁是十全十美的，我们都是普通人。任何普通女性都无法忍受这样的丈夫。夫妻之间的爱是相互的，妻子对丈夫好，也会希望丈夫能体贴自己。如果永远都是丈夫单方面提出要求，而且总是任性的无理要求，那任谁都不会一味地妥协，而这会引起丈夫的不满甚至憎恨。即使妻子的拒绝是合理的，丈夫也会觉得不公平，心里不爽。觉得不公平是神经症患者的特征之一。那些无法实事求是地评价父母的焦虑性神经症患者，在人际关系方面一般都会因各种矛盾而痛苦。南希在与未婚夫的关系上就是如此。她一方面想要牢牢抓住未婚夫的爱，另一方面又对这份爱抱有疑惑。就像她一方面把母亲理想化，另一方面又认为母亲是不可信的。即使试着用幻想出来的母亲欺骗自己，我们心底也仍然正视着现实。尽管现实对我们来说太痛苦，尽管我们极力回避现实，但内心深处还是残存着现实的影像。

## 内心的不安会破坏人际关系

在我看来，那些在人际交往中总是对对方要求过多的人，一定苦于内心的矛盾和纠葛。那些能够解决与父母之间的基本矛盾的人，是不会向对方提出那么多要求的。他们能够完整地接纳自己和他人，也能够完整地去爱普通人，同时接受他们的爱。那些无法解决与父母基本矛盾的人，一方面在内心深处觉得自己不被他人喜欢，另一方面又渴望被他人特殊对待。他们对待父母的方式就是如此——一方面觉得父母不喜欢自己，另一方面又希望自己在兄弟姐妹中能够被特殊对待。这种被拒绝的感觉和被特殊对待的愿望之间的矛盾会直接影响到他在其他人际关系中的表现。要解决人际交往中的这种矛盾心理，除了解决与父母之间的冲突外别无他法。除此之外，有些人在人际交往中八面玲珑，到处讨好别人，恐怕也是源于与父母之间的冲突没有解决吧。

那些已经妥善解决了这些冲突的人，不会那么迫不及待地想要被所有人喜欢。他们和那些尚未解决冲突的人所追求的亲密是不同的。后者一旦与他人建立亲密关系，就很容易丧失自我。那些在与父母的关系中被要求顺从、无法表达自己情绪的人就会陷入这种模式之中。他们越是亲近他人，就越是会陷入无法信任自己情感的旧模式。那些只有压抑自己的真实情感才能与父母维系关系的人，内心深处会害怕亲近他人。也就是说，那些没能解决与双亲之间纠葛的人，一方面期待与他人亲近，另一方面又对此感到恐惧。

那些八面玲珑的人虽然希望被所有人喜欢，但内心深处却害怕与任何人亲近。迄今为止，我和很多心理健康的人交谈过，发现了一些对他们来说难以理解的事情。其中之一就是，有些人如果不抛开自己的情感，不把自己当成空心人，就无法与他人交往。也就是说，有些人通过与他人共生来逃避内心的不安。如果一个孩子一直以这种方式维持与父母的关系，那他最终会成为一个没有思想、没有情感的“奴隶”。经历过这种不被允许忠于自己情感的共生关系地狱的人，心底会害怕与他人亲近。

## 当爱变成恨

有的人总是不甘心，总想得到父母的疼爱、理解和认可，这样的愿望就像小时候想把星星摘下来一样不可能实现。小时候梦想把星星摘下来无可厚非，但到了20岁甚至60岁，如果还在拿着网兜仰望夜空，那就有点离谱了。与其做一辈子摘星星的梦，不如许一个与当下年龄相符的愿望，然后投入精力去实现它。网兜举得再高也摘不到星星，遗憾的是，很多人即使到了60岁也无法接受这一事实。

越是不被爱，就越希望被爱，越从心底祈求爱。对爱越饥渴，就越容易被爱束缚。尽管如此，有时我们还是有必要接受对自己重要的人不具备爱自己的能力这一事实。面对伪装成爱和关心的拒绝，我们会从心底发出呐喊，渴望真正的父母之爱。

罗洛·梅在《焦虑的意义》一书中描写了一个21岁的职业踢踏舞演员弗朗西斯。她与一位年轻男子交往了四年，还怀了孕。在此期间，她一直将对方理想化，认为他是一个绅士。然后，这种爱突然就变成了恨。那她为什么会把对方理想化为绅士呢？其实是为了防御自己对他的怀疑。那些怀有被压抑的敌意的人，为了不让自己意识到这种敌意，就会把对方理想化。

弗朗西斯和父母的关系就体现了这一点。她对父母也是如此，总是说父亲堪称完美，无可挑剔，母亲也非常温柔。但是正如罗洛·梅所指出的那样，这种对父母的理想化，有助于掩盖她对他们的敌意。人们常说，爱会变成恨。但这并非事实，爱不是那么容易就会变成恨的。看上去是爱，实际上背后隐藏着憎恨—— 一方在无意识中恨着另一方。只是这种无意识的憎恨，只有因别离或其他契机才会浮现到意识层面。在恋爱中，这种被压抑的憎恨很容易被意识化，但在与父母的关系中，想要意识到则会难得多。因为我们太渴望得到父母的爱了，所以才会把父母理想化，以此压抑对他们的恨意，让自己好受一些。

换个角度说，如果父母直截了当地拒绝我们，而不是故作一副爱和关心的姿态，可能我们也就死心了。在罗洛·梅的笔下，那个受母亲（毫不掩饰的）惩罚的露易斯就没有患上焦虑性神经症。但是，不管怎么祈祷，实现不了的愿望就是实现不了。除了接受这个事实，成为成熟的大人，我们别无他法。

# *Chapter 3*

# 不被爱的人如何才能成熟

## 不自信的人很难拥有良好的人际关系

不自信的人总想千方百计地取悦别人。如果献殷勤不成，他们的反应就会很强烈。而且，他们想取悦的人往往并非什么正人君子，比如，他们总是会取悦那些喜欢轻视别人、嘲笑别人的人。也许他们是想通过巴结、取悦这些人，来共享他们轻蔑他人的快感，以此提高自己那神经症式的自尊心。

不自信的人往往无法真实地看待他人。他们无法用温暖、友善的眼光去看待那些有缺点的人，而是会在第一时间报之以轻蔑，以此来抚慰自己那因被轻蔑而受伤的自尊心。

除此之外，他们还会去取悦那些装模作样、看上去特别不可一世的人。由于缺乏自信，他们觉得别人比实际上更了不起。像这种不自信的人，对他人的评价往往不是过低就是过高。

此外，大多数不自信的人对自己所属的群体也不会有什么好感。也就是说，他们不会按照自己所属群体的价值观和行为模式行事，相反甚至会去取悦那些看不起自己所属群体的人。

他们不仅轻视自己，也瞧不起自己的同伴。因此，他们很容易去迎合那些轻视自己同伴的人。不过，即使去迎合那些人，与他们一起嘲笑自己的同伴，也不意味着他们对自己的轻视就会消失。

不自信的人会隐藏自己的弱点，但这样做并不会让他们有自信，他们内心深处很清楚自己几斤几两。这样一来，一旦遇到没有这种弱点的人，他们就会“怦然心动”，这种被吸引的程度，与从那个弱点中滋生出的自卑感的强度大概是成正比的。但是，那个人很可能只是碰巧没有那个弱点而已，其他的缺点可能会有很多。那些因长相不出众而苦恼的女性经常会被英俊帅气的男性吸引，即使对方的内心很冷漠，她们也会视而不见。

再比如，那些因年龄大而感到自卑的人，一旦为年轻人所接受，就会忘乎所以。即便有些年轻人情绪不成熟、不懂礼貌，他们也毫不在意，相反还会去赞美他们。除此之外，他们还会贬低同为老人的同伴们。

不自信的人的一大特征就是无法区分真伪。真诚的人情绪成熟，具备爱别人的能力；而虚伪的人都是利己主义者，他们不会为他人着想，也不懂感恩。因此，缺乏自信的人的人际关系也十分糟糕。但这并不意味着他们身边都是虚伪的利己主义者，他们同样会遇到那些体贴他人、心地善良的人。但是，他们并没有积极地与这些人建立联结，相反却总是被那些看似很了不起、实际上自私自利的家伙所吸引。

## 诚实面对自己，才能看清他人

我自己在相当大的年龄之前都是一个不自信的人，所以曾多次被人利用——正因为心理有弱点，所以才会去迎合那些虚伪的人。在有了自信之后，回首往事，连我自己都感到惊讶，为什么自己会被那些过分的利己主义者牵着鼻子走？为什么要避开那些体贴、积极向上的人呢？拥有自信真的是一件值得庆幸的事，它使我能够与那些心地善良、积极的人建立深入、稳固的关系。因为当你无法真诚面对自己的时候，你是分辨不出谁才是积极且善良的人的。当我开始正视自己之后，我才算真正看清他人。

回顾过去，我也为自己那时的人际关系感到震惊，我的周围全是这类人：胡作非为的自私自利者、和我一样欺骗自己的人，还有只会虚张声势的人。直到我不再自我欺骗，我才看穿了那些自欺者的内心。

在我不自信的那些岁月，我时常感觉自己面临着威胁。然而，当我不再自我欺骗，开始正视他人之后，那种总被威胁的感觉就消失了。也就是说，对我来说，周围只存在三种人：与我完全无关的人、与我有关的自欺者，以及与我有关的心地善良的人。

那些与我有关的心地善良的人，即便知道我的弱点，也不会轻视我。也就是说，即使与这些人坦诚相见，我也不会觉得自身价值受到威胁。而那些与我有关但不怀好意的人，由于能看清他们内心的想法，所以我也就不害怕了。在那些自我欺骗的日子里，我似乎最害怕的就是这类人。也正是因为面对他们会让我感受到威胁，所以我才会去取悦他们。当然，如果你能正视自身的价值，就不会被这类人控制。相反，如果你的自尊完全来自他人的认可，那你就只能看别人的脸色过日子。对于这类人而言，他人的存在很容易对自己的自我价值产生威胁。

最终，那些无法正视自己、自我欺骗的人会产生很强的依赖性；或者反过来说，那些依赖性很强的人，无论如何都无法正视自己。当他们想要依赖谁却找不到可依赖的对象时，就会变得焦虑不安。

## 焦虑的源头是母亲

那么，这种焦虑是否源于自我认知还未明确时和母亲的关系呢？例如，对于一个年仅 10 岁、自我认知还不明确的孩子来说，如果自己的情感不被允许表达，就会下意识地去感知重要他人对自己的期待——对方究竟期待自己做何反应，并会为了迎合这份期待而压抑自己的真实感受。

如果觉察到对方希望自己感受到某件事物的美，那么，即使他一点都不觉得那有多美，也会用意志力强行让自己相信那就是美的。这样一来，真实的自己就会被压抑。焦虑的根源正是这种看似努力、实则自我压抑的行为。而这样的行为是否与年幼时母亲的影响有关呢？

综上所述，所谓的焦虑，实际上就是不知该如何行事才能被对方所接受，从而产生的一种状态。

现在，让我们假设一个 10 岁的孩子正以自己的方式感知父母的期待，并以夸张的方式表达了对父母养育之恩的感激。但事实上，他对自己的经历感到非常不快。出于对父母的恐惧，他动用意志力将那些不愉快的情绪驱赶到了无意识领域，有意识地将视线从那些不愉快的情绪上移开了。

但是对于更年幼的孩子，即使感觉到真实的自己不被母亲接纳，也不知道怎么办才好。他们不会像 10 岁的孩子那样选择压抑自己的真实感情，而只是感到被拒绝。当然，他们可能还不知道什么是“拒绝”，而只是觉得自己不开心、不愉快。而且，即便不开心也不能哭，不然父母又会发怒。话说回来，就算哭又能如何，父母也不会为消除自己的不快而做些什么。

我想，这种对不快的无力感才是焦虑的本质。神经症患者之所以对不快十分敏感，大概就是这个原因吧。即使感到不快也无可奈何——这样的想法从他很小的时候起就已经根深蒂固了。因此，那些对自己开不开心特别敏感的神经症患者就会被不愉快所束缚。与普通人相比，他们更容易一遇上点什么事就陷入消极情绪中走不出来。这是不是因为在幼儿时期，他们对自己的不愉快情绪更加恐惧呢？他们经历了更多的不愉快，却没有人帮助他们排解这些情绪。当然，他们自己也无计可施。因此，他们对消极情绪的恐惧要比常人强烈一倍。我想，那些只要身体某个部位稍感不适就会陷入消极情绪的人，可能在幼儿时期就没有得到过母亲的理解吧！幼儿只能通过哭泣来表达自己的情绪，除此之外别无他法，如果所有母亲都能充分读懂孩子的哭声，那大概就不会存在这样的人了吧。那些执着于不快感、对不快感过于敏感的人，大多同时也被焦虑所困。

## 对母亲的信赖决定孩子的一生

我们经常会在心理学书籍中看到这样一种论调：“神经症患者往往上进心很强。”但这似乎只看到了现象，并没有抓住本质。

与其说他们上进心强，倒不如说他们是为了逃避内心的不安。完美主义者也是如此。在追求完美的表象之下，隐藏的是极度的焦虑。完美主义者总有一种错觉，觉得只要做到完美，就可以让自己心安。努力、上进，这些只不过是他们用来摆脱焦虑的手段。只要努力，就能让自己避免陷在焦虑情绪中。对于神经症患者来说，努力也好，上进也好，都只不过是他们应对焦虑的防御机制。

由于缺乏安全感，他们无论做什么都无法安心。那些固执的人也是如此。从很小的时候起，他们就会因不知道该如何保护自己而感到不安。明明没有保护自己的能力却还要保护自己，这就导致了他们的固执己见。他们之所以固执，就是因为他们仍活在童年焦虑的阴影之下。

没有人能帮助他们消除这种无奈的不快感，他们自己也不知道该如何做，即便如此，他们也无法信赖任何人。我想，如果他们小时候能得到母亲的细心照顾，也不至于长成一个固执的人。

儿时是否拥有值得信赖的母亲，对一个人的人格形成有着极大的影响。如果一个孩子能够信任母亲，在与母亲的关系中有足够的安全感，那他就拥有了足够的力量去应对不愉快的感觉。他不必一个人在焦虑中煎熬，依偎在母亲怀里，诉说自己的委屈，足以化解任何不快。而且很多情况下，有母亲的帮助和保护，他根本就不会经历困境，也就谈不上不愉快的情绪了。所以他们长大后又怎么会变得固执呢？他们完全没有必要把自己封闭起来。与之相反，那些无法信任母亲的孩子，只能挣扎着保护自己，因此很容易将自己禁锢起来。他们的大部分能量都用在了自我保护上，哪里还有余力去关心他人？

同理，一个无法信任他人的人，理所当然只会考虑自己的事情。幼儿时期无法信任母亲的人，长大后也很容易不信任他人。

## 按照父母的期待长大的孩子，会有很多问题

我认为，内心的焦虑大多与幼儿时期的依赖心理有关。那些在母亲的理解下长大的人，很少会整日陷在焦虑中。有一种说法是：很多抑郁症患者都生活在“成功”的重压之下，而这种重压，大多来自父母的期待。他们将父母的期待内化，从事着父母期待的职业，也按照父母的期待出人头地。然而，他们没有意识到，自己的愿望只不过是父母愿望的内化。如果没有像父亲期待的那样出人头地，他们就会感到自卑，并且希望通过获得成功来消除父亲对自己的憎恶。

这样的孩子大多丧失了真实的自我。也就是说，他们自己都不知道自己想要什么。

但仅仅是这样就足以让孩子丧失自我吗？仅仅是这样就会让人觉得成功之外的努力都没有意义吗？也不尽然。还有一个条件值得我们注意。那就是母亲有没有注意到，孩子实际想要的和父母的期待不一致。也就是说，如果母亲能够理解孩子的真实想法和感受，那么即使父亲期待孩子成功，孩子顺从并内化了父亲的期待，也不会因压力而积郁成疾。

有的人自己一生不得志，没有获得想要的成功，甚至失去了活着的意义，所以就会把希望寄托在孩子身上，希望孩子能实现自己的理想。在这种情况下，孩子会因为害怕而顺从父亲的意愿，并在重压之下选择做一个“乖孩子”。这样的孩子很明显根本不会经历什么“逆反期”，如果母亲能够感知并理解这一点，给予孩子空间，孩子就能获得心灵的成长，活出真实的自己。

如果母亲能够明白孩子真正想要的是其他东西，孩子的不快不是任性，那孩子的情感就会逐渐发展成熟。相反，如果连母亲都无法理解孩子的委屈，任由（甚至还鼓动）孩子像父亲期望的那样成长，并为自己“不用操心”而窃喜，那孩子的心理就容易变得扭曲。

幼儿都是以自我为中心的，只考虑自己。他们很容易冲动，并且认为自己的冲动就是这个世界上最重要的事情。他们希望自己的需要能立刻得到满足，至于别人会做出怎样的牺牲，他们才不在乎。人类的幼崽就是这样，他们会由着性子“胡作非为”。渐渐地，他们开始明白这样做是不对的，但也仅仅是隐隐地“明白”，他们的心态并没有发生任何改变。当欲望得到满足，头脑也意识到这一点后，冲动就会自然化解。

## 成年人也有撒娇的需求

在长大成人的过程中，有些人的内心一直都没有得到理解。他们虽然明白了许多道理，但也只是单纯地明白而已。如果在孩子小的时候，母亲能够理解并满足孩子撒娇的愿望，那孩子长大后就很少再有撒娇的冲动。相反，如果母亲没能满足孩子的需求，孩子的愿望始终得不到满足，就会一直寻找出口，甚至成年后也会经常想要撒娇。

有些神经症患者喜欢撒娇，大概就源于此。他们中的一些人甚至到了30多岁还会跟别人撒娇。还有一些母亲根本理解不了孩子的内心，迟钝得可怕。而她们中的大多数都深信自己是非常爱孩子的。除此之外，有的孩子明明是因为害怕父母才不敢“肆意”撒娇的，而母亲却觉得自己的孩子“真听话”，并为此沾沾自喜。

幼时撒娇的本能冲动得不到满足，就会延续到成年之后。但成年人肯定是不能像孩子一样撒娇的，他们也不接受自己是那样的人。但这种人本质上却是既任性又娇气的，因此，他们会不停地做出违心的行为。

我在读研究生时，曾经加入过一个叫“文化与人格”的研究小组。当时，教授解释道，有的人之所以会得神经症，就是因为他们想和别人撒娇，却不能撒娇。不知为何，尽管当时我并不理解这句话，却牢牢地把它记在了心里。从那以后，一有什么事，我就会想起这句话。再后来，随着我开始学习儿童心理学、婴幼儿心理学、人类的成长等学科，我终于理解了个中玄机。

长大成人后，我们就不能再像小孩子那样直接撒娇了。很多没有神经症的人也会通过各种形式满足自己撒娇的愿望。当撒娇的愿望落空时，他们不会像小孩子那样哭闹，而是会闹别扭、闷闷不乐。那些平时爱说大话的人总是喜欢闹情绪，就是这个原因。

有人说，爱哭的孩子是赢不了的，因为这是一个不好的开头。他们长大后很容易变成那种喜欢嫉妒和只会生闷气的人。

## 孩子是不会被惯坏的

常言道“惯子如杀子”。我觉得这种说法不对。在我看来，可怕的不是溺爱孩子，而是不理解孩子，一味要求孩子听话。溺爱孩子和理解孩子的心是有区别的。有的父母把孩子惯得不像样子，确实很疼爱孩子，却未必理解孩子的心。

比如，他们会说“我把最好的都给了你”，但是，这不恰恰意味着他们给的是一堆孩子未必想要的东西，却没有给孩子想要的东西吗？

我们都见过这种场景，小孩子在表达友好时，会把自己嘴里的糖吐出来给对方吃。他们根本不考虑对方是不是想要，是不是需要。有的母亲就是这么爱孩子的，而且在她们看来，“我恨不得把心都掏给了你”。

自己想为孩子做什么就做什么和理解孩子的心不是一回事。那些不成熟的父母想为孩子提供的，和孩子想得到的东西是不一样的。当孩子的内心被理解之后，他们也会更好地理解自己的心思。那些连自己都不清楚自己想要什么的人，想必从小就经历了很多不被理解的时刻。

父亲自己不得志，就把实现不了的抱负转移到年幼的孩子身上，对孩子报以过高的期待。而母亲也无法理解孩子在重压之下痛苦的内心。孩子在焦虑的煎熬中艰难地长大，成长为一个焦虑的成年人。

有时，可能母亲一个人就做了上述所有事情。

每一个在焦虑中备受煎熬的成年人，首先要做的都是正确认识自己和自己的父母，理解自己和那些有着类似经历的人虽然看起来是个成年人，但内心还像个孩子一样。这样的成长被称为“伪成长”。只要正确理解了这一点，就会知道怎么做才好。

## 越任性的人，越会在意别人

如果你是一个利己主义者，而且是一个弱小的利己主义者，那你会经常反省自己。相比之下，政治家那类人的利己主义就是强大的利己主义。学者和政治家都是很好的职业，但对于家庭而言就未必如此了。

强大的利己主义者会特别注意保护自己的孩子，并且不会为自己的这种言行而感到羞耻；而弱小的利己主义者则会认为，只保护自己的孩子是一件非常羞耻的事情。与此同时，由于在道德上小心翼翼，他们始终处在紧张不安的状态下。

这种过度的紧张会使人疲惫不堪。人在这种状态下是很脆弱的，很容易受伤。因此，一个弱小、道德上小心翼翼的利己主义者，内心总是矛盾重重，缺乏沉稳和自信。

这样的人大多从小就缺爱，内心深处总是抱着孩子般的对爱的渴望。他们的内心没有得到足够的滋养，这种缺憾时至今日都没有得到弥补。因此，他们总是时不时地想耍一下小性子，但又很在意别人的看法，所以会在人际交往中表现得畏首畏尾。

你说他任性吧，他又极其小心翼翼，你说他小心翼翼吧，他又非常任性。

这大概就是内化的道德感和恐惧与因得不到满足而无法消失的幼稚的对爱的渴望之间无法取得平衡的表现吧。这两者之间的冲突令人陷入徒劳的自我斗争之中。

要想从无益的、令自己疲惫不堪的情绪中解放出来，就必须从承认自己的过去开始。然后，停止过度敏感的自我批判，停止刻板而不留余地的“正义”言行。当然，这不是说停止就能停止的。但是，作为第一步，你要意识到这些行为绝对不值得提倡。

我并不是说正义感、自我批评或者诚实本身不重要，而是人生在世，要学习的东西是有先后顺序的。当你被紧张、烦躁、无力感折磨时，还神经症般地执着于所谓的正义感和正直，这绝称不上什么德行。也就是说，因极度紧张而疲惫不安的敏感者不适合去坚守正义感和正直，也不适合进行自我批判。因为他首先要做的是疗愈自己的心理问题。举个例子，对于学生来说，坚持每天去上学是很重要的。成年人也是如此，不能偷懒不去上班。不过，生病的情况除外。如果生病了，就要先把病治好再去学校或公司。心病也是一样。

那些将不安与绝望沉淀在心底，时而异常兴奋、时而绝望无助的人，会一直因过于敏感的道德观而苦恼，他们战战兢兢生活的样子，就像发烧到38℃还要上学的小学生一样。

在纠结道德和伦理之前，首先要用一颗直率的心面对生活。

## 情感的成熟是有正确顺序的

像这样的敏感者，恐怕在很小的时候就被要求做很多远超自己情感包容力的事情。例如，他们的父母可能都是非常自私或怯懦的人，经常陷在痛苦的冲突中，而自己却无法承认这一点。于是，为了逃避这种冲突带来的痛苦，他们就会指责别人自私或懦弱。

像这种为了逃避内心冲突而指责他人的人是不会给对方留任何情面的。他们不允许别人做出一丝不道德的行为，如果他们有孩子，那他们的孩子最容易成为他们批评的对象。对于孩子的一言一行，他们都不会放过。

他们不会考虑与孩子年龄相符的道德观，也不会考虑孩子小的时候都是以自我为中心的，更意识不到对于小孩子来说“自私”才是发展正常的表现。

他们之所以批评孩子，对孩子提出种种要求，仅仅是为了逃避内心因冲突而产生的痛苦。这就好比你盯着一个鸡蛋，却希望它能告诉你时间一样。你可以期待一只公鸡打鸣，但你不能指望一个鸡蛋也能这样做。

如果孩子通过以自我为中心的利己主义行动去消化、理解这些事情，那他长大后就会变成利他主义者。相反，如果从小就被要求像成年人那样处处为他人着想，那他长大后反而很难成为成熟的利他主义者。这样的人内心其实并没有长大，骨子里还是利己主义的。但赤裸裸的利己主义是不为成年人的世界所接纳的，于是，在恐惧的驱使下，他们被迫表现出一副利他主义者的面孔。

正因为如此，他们才会因无止境的意志紧张而深陷苦恼之中。我们学习和掌握知识是有先后顺序的。那些情绪不稳定的人就是因为没有遵循这个顺序才形成了如今的性格。不，是他们没有被允许这样做。而且，他们所遭受的批评总是暗藏针刺，他们就活在敌意中。为了逃避内心的冲突，他们的父母总是小题大做地批评他们，比如骂他们“你真是太自私了”，语气中充满了敌意与憎恶。因此，他们一方面是弱小的利己主义者，另一方面又是不情愿的利他主义者。

他们既会小心翼翼地表现出利己主义者的一面，又会极不情愿地假装出利他主义者的一面。所以，对于性格敏感的人来说，最重要的是先反省自己现在的道德观。只有在情绪成熟的情况下，正义感和利他主义才能以真实的面貌存在。

## 内心的安宁比什么都重要

对于现在的你来讲，比起为他人着想和自我批判，还有更重要的事情——抚平自己的情感创伤。为此，任何妨碍你的东西，你统统不需要去考虑。注意并识别自己那些幼儿时期遗留下来的愿望，并满足它们。玩泥巴也没什么可丢脸的，想玩就去玩；小学生玩的所有游戏你都可以去玩；不要觉得八卦杂志和体育报纸俗不可耐，想看就看。

明明真实的自己并不优秀，却想让别人觉得自己很优秀，所以才会越来越痛苦。对于一个心智只有 10 岁的而立之年的人来说，如果能被身边的人当作 10 岁的问题儿童来看待，反而会过得比较幸福。

迄今为止，你一直在考虑如何在人际关系中保护自己不受伤害，但你这样做得到了什么？你保护到自己了吗？似乎并没有。与其这样，不如把目光投向自己的内心深处，按照人生的正确顺序生活。

人的欲望可以被压抑，却不会因此而消失。像撒娇这种幼儿期的共生愿望，只有在得到满足之后，才会消失。

小孩子骨子里都是很自私任性的，他们并不是什么所谓的“天使”。只有去爱他们，接纳他们的自私和任性，理解他们，他们长大后才不会变成自私自利的人。

对于养育孩子来说，最重要的是父母的情感成熟度。如果父母自身还残留着很强的依赖性，那无论他们多么努力地教育孩子，孩子的心理都很容易变得扭曲。自卑感是会传染的。如果父母自身就很自卑，那无疑会养出自卑感也很强的孩子。

假如父母患上了传染病，他们理应会让孩子远离自己。比起养育孩子，他们首先希望自己恢复健康，这才是真的为孩子好。患了心病也是一样的。父母的心理健康了，孩子自然就会迎来情绪的成熟。

对于患有精神疾病和情绪不成熟的成年人来说，要意识到自己首先要成为情绪成熟的成年人，而非社会地位高的人或有钱人。

然而，不成熟的人往往会在不知不觉中和其他不成熟的人“臭味相投”，并建立起小团体，一起通过指责他人来寻找自信。可是，不管他们如何指责他人、指责社会的庸俗与丑陋，都无法使自己的情绪成熟起来。

此情此景，总会让我想起一句俗语——“顾头不顾腚”。当我想到精神疾病的时候，感觉这句话真的是某些人的真实写照。

很多患有精神疾病的人都只藏起了脑袋，却把屁股露在了外面。比如，他们可能会压抑自己幼年时遗留的愿望，告诉自己“我已经 30 岁了”“我已经不再需要那种东西了”。就这样，他们将自己的欲望从眼皮底下藏了起来。但是，他们露在外面的“屁股”却是显而易见的——烦躁不安的憔悴、战战兢兢的不安、比其他人来得更容易的身心俱疲，以及注意力不集中、缺乏自信。

人类不管多么努力，都无法将真正存在的东西当作不存在。因压抑而产生的症状就是那个屁股，被压抑的东西就是那个脑袋。

小心翼翼的利己主义就是屁股，而那个所谓的健全的利己主义“脑袋”在他们很小的时候就被隐藏起来了。觉得自己已经 30 岁了，所以就要表现出这个年龄应有的成熟，这样想并没有什么问题。有问题的是有的人的情绪中还潜藏着儿时未完成的情结。要想打开这些结，就只能像小孩子那样去做，完成这些未了的心愿。

如果你觉得这样做不好意思，太难为情，那等你到 50 岁甚至 70 岁，也还是会因情感中的缺憾而痛苦！

# Chapter 4

# 一味讨好，就能得到想要的爱吗

## 相互憎恨的恋人们

那些总是压抑自己的人有可能意识不到别人内心的压抑。所谓的压抑，指的是用意志的力量将自己不想要的情感体验和欲望驱赶到无意识领域。比如，明明内心对某个人充满了愤怒和厌恶，但由于还需要对方的爱，于是就将这些消极情绪压抑起来。

有的人深知自己没那么优秀，但又想做一个很强大很优秀的人。在这种情况下，他们就会压抑自己的自卑感，在面对他人时夸夸其谈，表现出一副很优秀的样子。正如我一开始所说的，这样的人很难察觉到他人内心的压抑。

通常来说，那些压抑真实自我、一直戴着面具生活的人，很容易会与另一个戴着面具的人一起生活。他们都意识不到对方在演戏。当一个人压抑自己对他人的敌意与憎恶，假装充满爱心的时候，很容易就会被另一个压抑自己、伪装善良的人吸引。但这种“合拍”只是一种假象。他们会因对第三人的某种共同的情绪而成为朋友或伴侣，比如他们会在无意间一起吐槽某个人，在

“那个人真不咋的”“他早晚得倒大霉”的“友好”交流中变成惺惺相惜的“密友”，一起通过否定别人来维护自己那可怜的自尊。因此，他们最喜欢说诸如“反正现在的社会也就这样了”“要是做不到这种程度的话，真是让人没法接受”之类的话，并在此过程中感到无比痛快。

两个人就这样戴着正义和教养的面具，通过这些对话来释放平日的怨气，对他人的恶意时时萦绕在他们的心头。但是他们之间并没有真正的心与心之间的交流。在吐槽别人之外，他们之间也是存在冲突的。

如果一个人能够意识到自己内心充满了对名誉的渴望和对社会的怨恨，那他也能够窥见对方的内心，能够看穿对方愤世嫉俗的背后其实隐藏着怨恨。

很多压抑自己情绪的人自小就没有得到过充足的爱，正因如此，他们对爱情的渴望才会如此强烈。他们在贪婪地追求爱情的同时，也总是担心对方会不会一旦发现自己的弱点就抛弃自己。

为了不失去爱情，他们饱受紧张不安之苦。他们在约会之后并不会感到轻松，反而会更加紧张。实际上，由于他们内心充满了对别人的憎恶，因此即便是对恋人的缺点，他们也不会“网开一面”。他们总有一种错觉——“我很爱他，他也很爱我”，而意识不到他们之间其实充满了憎恶。

## 隐瞒弱点的人很难和别人友好相处

我记得瑞士法学家、哲学家卡尔·希尔蒂（Carl Hilty）曾说过，不能信任那些隐瞒自己弱点的人。不过，他却没有说明原因。

我认为，之所以不能信任那些人，是因为他们无法与别人合作完成某件事。在他们看来，你有弱点，我也有弱点，他们的关注点都在“弱点”上，觉得“这样的两个人怎么能够携手共创美好的事物”。像与他人合作、一起生活这样的事，他们根本就做不到。原因也很好理解，一个连自己的弱点都容不下的人，怎么能容得下别人的弱点？不仅如此，他们还会认为，自己无法接受对方的弱点，对方肯定也接受不了自己的弱点。

那种相互隐藏弱点的独特关系乍一看好像很和谐，但其实很脆弱。他们彼此之间并不亲密。对于神经症患者来说，真正需要的是不会隐瞒自己弱点的人，但他们却会有意无意地回避这种人。

那些不相互隐瞒弱点，并在弱点之上建立的关系十分稳固，因为这种关系是建立在现实基础之上的，而且会通过合作而不断深化。在这样的关系中，即使自己的弱点暴露了，也没必要辩解。

相反，那种排斥他人、只关注自己感受的关系，看上去牢不可破，但实际上十分脆弱。一点小事就有可能点燃熊熊怒火，引发强烈的憎恨。

我之前就说过，爱绝不会变成恨。只有爱而不得，才会变成恨。人在失恋的时候，会因寂寞而痛苦。不过，虽然孤独会让人痛苦，空虚地活着也很痛苦，但人并不会因此就憎恨对方或产生复仇的念头。有的人之所以会憎恨抛弃自己的人，甚至想要报复，实际上是因为他们在一起的时候也没有真正相爱过。他们只是错以为在相爱而已。原本这个人的内心深处就充满了对他人的憎恨。这种内心深处的东西，只是以失恋为契机展现出来了而已。

相比之下，那些不隐瞒彼此的弱点，在承认对方弱点的基础上建立关系的人，即使分手，留下的也是美好的回忆。情绪不成熟的父母无法等待子女的自然成长，这一特点不仅适用于亲子关系，也适用于普通的人际关系。神经症患者等不及朋友或恋人的弱点自然消失，也不能原谅他们的弱点。如果自己的弱点不小心暴露出来，他们就会拼命找借口掩饰，而从来不会说“给我一点时间去改变”之类的话。人无完人，我们始终处在成长、成熟的过程中。普通人在面对自己的弱点时，会真诚地说“给我一点时间，我会改变”。而神经症患者却不会这么说，他们会隐藏起自己的弱点，假装自己很完美。

在一段关系中，如果双方都是这样的人，那他们既看不清真实的自己，也触及不到真实的对方。

在人际关系中，普通人会期待自己和对方的关系渐入佳境，但神经症患者却会要求对方让关系迅速升温。普通人的人际关系是温暖的，即使自己存在弱点，也会为对方做力所能及的事情。这种“力所能及的事情”，与神经症患者所说的“奉献”是不同的。

神经症患者在关系中的“奉献”，本质上是为了感动对方，借此得到对方的爱。这种奉献是一种奴隶般的奉献，还时常伴随着焦虑和不安。但是普通人在人际关系中为对方付出，完全是出于对对方的爱。他们不是为了寻求对方的爱，而只是在给予爱。

## 不要在意别人的期待

那些为神经症式的人际关系而烦恼的人，应该果断去看看自己的内心世界，然后反省自己的过去，特别是与父母之间的关系。

皮克夫人在此之前，对母亲一直很顺从，对弟弟也

> 无微不至。她把周围的人都照顾得很好，但在这些美德背后，隐藏的并不是爱，而是对被爱的渴望。这些奴性的服从，是出于罪恶感，为了掩盖憎恨而表现出的。

这是我在日本作家池见酉次郎的《自我分析》一书中读到的一段话。我们自己也需要反思一下，我们对周围人的奉献是否也是如此？如果是的话，那就需要思考一下，我们究竟有什么不得不这样做的理由。

为对方做点什么是一件很快乐的事，得到别人的帮助也是一件令人高兴的事情。但在神经症式的人际关系中，奉献是为了掩盖憎恨，所以为他人做事就成了一件不情不愿、痛苦的事情。与此同时，如果别人为自己做了点什么，自己也会觉得欠了人情。由于害怕欠人情，因此根本无法体会他人的好意。我刚才提到的皮克夫人是作者在美国坦普尔医学院治疗的一个患者。关于她为什么会这样，这本书是这么记载的：

> 童年时与父母的这种关系是她奉献型性格倾向的基础，最终导致她为了得到母亲的爱，以扼杀自己真实情感的方式服务他人。

那些为神经症式的人际关系苦恼的人，不妨反思一下自己小时候是否曾因害怕失去父母的爱而做了很多事情。

除非你能明确为什么自己会是个“好孩子”，否则就不可能从神经症患者变成正常人。我自己就是个“好孩子”，还是那种凭常识想象不到的好孩子。我会把自己的情感完美地抹杀，发誓要对父母百分百顺从。我会将自己的弱点隐藏得天衣无缝，因为我担心如果自己表现得不那么优秀就会被抛弃。长大成人后，我也一直在隐藏自己的弱点。在经历过一些事情后，我逐渐改变了自己。我觉得自己既体会过那种隐瞒弱点生活的痛苦，也享受过即使不隐藏弱点也不会被抛弃的安心感。

当我意识到即便自己有弱点，自己的存在对对方来说也是有意义的，我感到很安心，并为这种轻松感到震惊。在此之前，无论我多么努力、多么拼命，都无法获得“这样就可以了”的充实感。一直以来，我总是被焦躁感所困扰，好像在被什么东西驱使着，再累也不敢休息。因此我总是感觉很累。无论做什么，都无法安下心来。即使取得了成功，也无法获得内心的平静。

后来，我认真地反思了自己的过去，并将反思所得付诸了行动。当我意识到即使自己有弱点，自己的存在对对方来说也是有意义的，也不会被他们抛弃时，我第一次有了“活着的感觉”。过去，我觉得只有在满足对方的期待时，我的存在才对他们有意义，那时我真的觉得活着没意思，还总会产生某种愧疚感。不管是我没做什么事，还是对方没做什么事，都会让我感到很愧疚。

所以，我拼命让自己“更负责任”，做得更多，以摆脱负罪感，小时候，为了满足父母的期待，长大成人后，为了满足周围人的期待——通过这样做，感受自己活着的意义。

当我意识到，即使无法实现对方的期待，自己对对方来说也有意义时，我的世界就好像发出了吱吱作响的声音一样，改变了原来的面貌。我想，所谓的“亲眼看着自己的鳞片脱落”，大概就是这个意思吧。一直以来，我都以为要想获得他人的好感，就必须满足他人的期待；而要想维持已经获得的好感，就必须不断地满足别人的期待。但自然、正常的人际关系并不是刻意营造出来的。即使没能实现对方的期待，对方对你的好感也会持续下去。人与人之间的关系不同于企业与企业之间的关系，也不是商家与顾客之间的关系。

即使没能实现对方的期待，也能继续维持好感，说明自己的存在对对方来说才是最重要的。自然而正常的人际关系，无论是友情还是爱情，都没有那么强的目的性。

然而，如果你继续维持那种神经症式的人际关系，是无法产生这种感觉的。一个控制欲强的神经症患者总是试图控制对方。只要对方能满足自己的期待，他就会想要和对方建立关系。而在对方看来，只要自己能够不断满足这种人的期待，他就不会抛弃自己。这样一来，对方自然会试图隐藏自己的弱点，而这个控制欲强的人同样也会隐藏自己的弱点，因为他觉得自己的弱点会成为控制他人的阻碍。

因此，只要继续维持这种神经症式的人际关系，被控制的人就无法从无价值感中解脱出来，而只会越来越觉得自己的存在毫无意义。

## 作为回报的爱没有任何意义

很多生活在神经症式人际关系中的人，也许从小就被经常表扬，或是因为做了什么了不起的事情而受到褒奖，或是因为成绩好而被夸“真可爱”。但这些都是作为回报的爱。

小时候，当你帮别人跑腿做了什么事后，就会被人摸着头夸“乖孩子”。如果你做了什么让父母高兴的事，他们也会对你很“温柔”。长大成人后，如果做了让周围人开心的事，他们也会喜欢你。但无论是怎样的温柔对待、怎样的抚摸、怎样的拥抱，都不会让你知道亲密的真正含义。所谓的亲密，并不是那种作为回报的爱和温柔，而是即使事情进展不顺利，对方也会温柔地对待你，让你感受到善意的温暖。

正因为如此，那些在自然、正常的人际关系中长大的人，才不会在失败后深受不安和焦虑的折磨；正因为如此，他们才会充满挑战精神，能够激发出内心的潜力。相反，那些生活在神经症式人际关系中的人，由于只知道作为回报的爱和作为回报的温柔，因此为了避免失败带来的紧张感，他们会拼命回避一切自我考验的机会。

当小孩子把事情搞砸时，如果父母总是恶狠狠地瞪着他们，或者总是发出失望的叹息，那他们就会变得胆小怕事。如果你在人生途中不切断这种神经症式的人际关系，就无法在走向终点前找到真正的自我。相比之下，如果父母能适时温柔地抚摸孩子，你很难想象将会从他们身上激发出多大的力量。

小时候，拥有一个能够安心坐在他膝盖上的人是很幸福的。

## 与放松的人交往

那些小时候能接受自己弱点的人，长大后也能够接受自己的弱点，并能在他人面前诚实地展示自己的弱点。因为他们不担心这样做会破坏自己与对方的关系。那些在神经症式人际关系中长大的人，首先应努力与在正常家庭关系中长大的人交往。如果总是维持神经症式的人际关系，那即便一遍一遍地暗示自己要“放轻松”，也无法真正放松下来。但是，和真正放松的人交往的时候，看到他们放松的样子，会突然发现其实自己也可以放松——

尽管对方也有弱点，也不完美，但他们还是一副很轻松的样子，所以自己不完美也没关系，即使暴露出弱点，也不会被抛弃。

所以，神经症患者应该多与放松的人交往，并思考："为什么别人可以这么放松，而我却做不到？"这样他们就会意识到将自己束缚起来是一件多么可笑的事情了。

## 与有主见的人交往，你的自我也会获得解放

神经症患者还需要和有主见的人交往。一个有主见的人会明确地说出"我是这样想的""我这样认为""我希望你这样做"之类的话。当你和他们在一起时，会突然觉得或许有一天自己也可以这样做。他们可能会要求你这样做或那样做，同样地，你会发现自己也可以这样要求他们。

但是，当和神经症型、支配型的人交往时，你会觉得尽管对方会要求自己这样那样，而你却不能这样要求对方，而只是一味地为对方服务。因为从你小时候起，你身边的神经症患者就是这么对待你的，对于你的要求，他们全都不在意。在这样的环境中成长，不知不觉间，你就会觉得自己不可以提出任何要求，不然就会惹人讨厌。

你没有被爱过，因此非常渴望爱。而要想得到爱，就必须顺

从对方。但那些充斥在你周围的神经症患者并没有能力爱别人。就这样，你自己也患上了神经症。

然而，那些自我实现型的人不仅非常清楚自己想要什么，也能注意到对方的需求。他们不仅能够明确表达自己的需求，同时也能满足对方。也许这种态度就会在无意识中传递出一个信号，让人觉得“我也可以明确地提出要求”。

的确，如果你向一个神经症患者提出要求，不管是什么事，对方都表示拒绝，那你就会觉得自己被对方讨厌了。正因如此，无论你在脑海中对自己说过多少遍“人要为自己做主”，你都无法成为一个有主见的人。

## 关系不平等，你就无法成熟

我们在前面提到了《自我分析》一书中的皮克夫人，她小时候过得怎么样呢？

> ……这个年幼的女孩，与自己欣喜若狂的母亲恰恰相反，在弟弟出生这件事上，她感受到的更多是恐惧，她害怕失去父母的爱……“我把这种本能的情感深藏心底，表面上，就像侍奉王子的侍女一样，尽心尽力地为弟弟服务”。

由于过去的种种原因，有的人只会像奴隶那样为别人服务。有的是为父母服务，有的是为弟弟服务，还有的是为其他人，如此等等。

这样的人无论如何都无法满足自己的要求，并且会对自己的要求产生罪恶感。而且，他们长大后身边也很容易聚集一些有着类似童年经历的人，所以即使他们鼓起勇气提出要求，也会如前所述，被拒绝，被讨厌。然后，他们就会变得习得性无助，变成那种唯唯诺诺的老好人，一生被他人利用，又被他人嘲笑。

如果你和自我实现型的人交往，那么即使你提出要求也绝不会被讨厌，对方也会努力满足你的要求。而且最重要的是，对方并没有责怪你的意思，所以你在提要求的时候也不会有罪恶感。

在有的书中有这样的观点：抑郁症患者应该尽量避免进入那种会让自己感到内疚的环境。但更准确的说法应该是，避免总是跟那些没有实现自我的人在一起。

当一个神经症患者从另一个神经症患者那里获得什么恩惠时，他会感到很内疚。但如果对方是一个自我实现型的人，他就不会有那么多的愧疚感。

如果别人为了感谢你的帮助而做了一些你希望他做的事，那你没有必要感到内疚。但是如果你从小就习惯了为别人服务，就可能会感到不自在。

要想解决这个问题，首先，你要和自我实现型的人建立一种平等的关系。

人之所以会紧张不安，一方面是因为他们的心态出了问题，另一方面也可能是由他们之前或当时所处的环境所致。

如果你和自我实现型的人在一起，不知不觉中你可能就会觉得，自己也能试着提出要求，尽管你甚至不知道自己需要什么。而且，即使对方满足了你的要求，你也不会因此而内疚，而会感到心情舒畅。

## 明确地表示“我就想这样做”

如果屈服于神经症型、支配型的人的不合理要求，那么这不知不觉间就会成为你的一种习惯。人的思想总是会为自己的行为赋予正当性。也就是说，即使是不合理的要求，只要你接受并采取了行动，你就会倾向于认为它是正当的。其实你是可以拒绝它的，但如果你当时选择了接受，心理上就会受到这种选择的影响。在这种情况下，拒绝不合理的要求，甚至会让你觉得好像自己做错了什么。人的选择是会影响自己的内心的。

选择屈服于对方不正当的要求，会让人觉得自己很软弱。但拒绝他人会使人产生罪恶感，即使是不合理的要求。然而，即使当下会产生罪恶感，我也仍然建议你拒绝不合理的要求，因为随着时间的流逝，你的罪恶感会逐渐减弱，而自主意识会越来越强烈。

换句话说，行动和选择对内心的影响与当下的感受完全不同。

从小就屈服于神经症型、支配型的人的不正当要求，会让人在心理上习惯懦弱。也就是说，他觉得自己是一个必须按照别人要求行事的人，自己不配拒绝别人，而且也没有资格向对方要求什么，自己的意见没有价值。他害怕被别人抛弃，每当他接受对方的要求，都会觉得自己正在丧失自信，但他又不会拒绝。在接受对方要求的同时，他也在心里确认了这件事的正当性。

于是，他们的这种奴性心态就会被那些狡猾的人利用。

在我翻译的乔治·温伯格所著的《顺从的动物》(*Priant Animal*)一书中，有这样一句话：

> 如果你在特定的情况下做了某件事，那么当你再遇到这种情况时，就会重复同样的做法。

虽然这句话听上去没有什么特别之处，但是一针见血地指出了问题的本质。也就是说，只要条件相同，人总是会重复同样的行为。

正如《顺从的动物》一书所述，在面临同样的状况时，动物往往会采取相同的行为，人类也是如此。

> 重复某种行为的习惯是建立在人类和低等动物的某种生理机能之上的。

如前所述，如果一个人从小提的要求总是被忽视，那他就会觉得自己没有资格要求别人做什么；相反，那些不断向弱者提出自私要求的人，则会认为对方按照自己的要求行事是理所当然的。

正因为如此，那些被神经症式的人际关系折磨的人，无论如何都应摆脱这种关系。当你试图从一段神经症式的关系中抽身时，必须告诉自己："失去这段关系并没有什么好可惜的。"当你与自我实现型的人建立了关系时，你就会意识到之前的关系是多么地扭曲。

在当下的这种关系中，你不需要单方面为对方付出；你满足他的需求，他也会满足你的。当那些在之前的关系中没有被满足的需求得到满足时，你就会觉得自己的内心变得强大了。

如果你向别人提出了一个合理的请求却被无视，对方甚至还生气或者挖苦你，那你一定要果断离开他。因为他想和你建立的是神经症式的人际关系。

如果你在这种关系中是弱势的一方，那你很快就会被“想要讨好对方”的动机所驱使。在这种有害动机的驱使下，你是说不出“我希望你这样做”之类的话的。即使你拼尽全力说出，最后不是被无视就是被挖苦，而这只会使你瞬间回归原本的奴性心态。

一个弱者与他人建立神经症式的人际关系，其最根本的动机就是想要讨好他人。这种人在人际交往中的习惯性行为就是受这种动机支配的。他们会压抑自己的正当要求，不顾一切地满足他人的不正当要求，而丝毫意识不到这已成为自己的习惯。他们同样没有意识到的是，这种习惯性的屈辱姿态，在他们的无意识领域中暗暗积累着愤怒和憎恨。

你必须与那些你想要进行心灵交流的人建立平等的关系，同时与那些要求自己“献身”的人断绝往来，而且，你不能通过奴隶式的服务来寻求他人的关爱。为了改掉那些给你带来心病的可怕习惯，你必须与那些自我实现型的人交往。当你“我就想这样做”的愿望和要求被认真倾听时，你一定会感受到一种前所未有的力量。这是一种与你作为“奴隶”被爱、被关注的喜悦完全不同的、实实在在的东西。

你能感受到一种可靠的情感在心底滋生，仿佛在说“我还可以这样活”。也许这就是所谓的自我确立。当你被想要讨好别人的动机支配时，即使你被神经症患者喜欢，内心也还是会充满不安。但是，当你明确地告诉别人你希望他怎么样做时，对方既没有嘲笑你，也没有无视你，而是正面地回应了你。这时，一种值得依赖的感觉就会在你心中生根发芽。

## 能够独自生活的人也能够两个人一起生活

那些从小愿望和需求都被认真对待、没有被嘲笑或无视过的人，即在母亲的疼爱中长大的人，会变得自信又坚强；相反，如果一个人没有这么好的成长环境，那他就必须依靠自己的努力去获得这种力量。

要想做到这一点，你必须走近那些自我实现型的人。不要相信什么“学生时代结束后，就交不到知心朋友”之类的话。踏入社会后一样可以交到亲密的朋友。

对于人的心灵成长来说，爱是不可或缺的，如果父母没有给予你足够的爱，那就只有自我实现型的人才有能力给予你。但遗憾的是，很多缺爱的人始终周旋在神经症患者中间。在想要讨好别人的动机支配下，他们像奴隶一般生存着，或者成了践踏他人愿望的支配者。

那么，自我实现型的人和神经症患者，究竟有什么不同呢？

自我实现型的人能够享受一个人的时光。独处的时光能否过得充实，是区分这两种人的关键。我忘了在哪里看到一个街头的广告牌上写道："能够独自生活的人也能够两个人一起生活。"虽然是句广告语，但事实的确如此。

成年人的亲密感是在自律性中培养出来的。一个无法充实享受独处时光，无法独自喝咖啡的人，即便有人陪伴，也不一定会感到快乐。因为一个无法享受独处时光的人，跟别人在一起的时候很可能会干涉对方。

那种逛街时能够随性走进心仪的咖啡厅喝杯咖啡，并乐在其中的人，也会享受两个人一起用餐的时光，他们不会对对方的事情过多干涉。他们既会保护自己的自由，也会尊重对方的自由。

相反，那些无法享受独处时光的人，会因对方的言行而产生不必要的嫉妒。想必一直想要讨好别人的你，也很难享受独处的时光吧。似乎如果没有他人的期待和要求，你就不知道做什么才好，无法让自己充实起来。当对方有事失约时，有些人就不知该如何是好，可能会去找其他人约会，而有的人却不会因期待落空而失落，他们很快就能转而享受一个人的自由时光。所以，和哪种类型的人一起吃饭、聊天会让人感觉更放松呢？哪种类型的人会让人感觉很不自在呢？很明显，那些无法享受独处的人会让对方产生束缚感。

然而，即便是懂得享受独处的人，如果没有亲密的朋友，也极有可能是神经症患者。也就是说，他们所谓的享受独处只不过是单纯地逃避孤独而已。

那些自我实现型的人既能够享受独处，也能够享受和朋友、爱人在一起的时光。他们会坦率地表达自己的愿望，同时对他人的期待也很宽容。

我们总是通过表面的行为来判断他人，尤其是神经症患者。因此，我们很容易认为，那些坦率表达自己愿望的人厚颜无耻，而那些总是客客气气的人也可能存在一些心理问题，他们总是拒绝别人的好意，避免与他人共度欢乐时光，因为他们害怕别人会要求回报。而他们周围的人根本想不到他们的拒绝不是客气，而只是吝啬。

那些大方接受他人的馈赠，充分感受他人的好意，面对他人的邀请时开心赴约的人，往往比那些看上去客气有加的人心胸宽广得多。

那些觉得“轻易接受邀请就是占便宜”的人内心是扭曲的。自我实现型的人不会像神经症患者那样害怕被人看轻，他们会尽力做自己想做的事，同时也会尽可能协助他人做他们自己想做的事。如果自己和对方的愿望不完全一致，他们也会做出现实的妥协。“妥协”这个词并不是什么不好的字眼，它代表了灵活、有余地。自我实现型的人会大大方方地去做自己想做的事，和他们在一起，你会突然觉得或许自己也能变得这般自信坦然。

## 问题的关键在于鼓励的内容

自我实现型的人不会因你的弱点而感到苦恼。即使他们认为你有必要改变自身的弱点，他们也会接纳现在的你。这就是善良吧。相反，神经症患者则会因你的弱点而焦躁不安，他们讨厌有弱点的你。

那些饱受神经症式人际关系折磨的人总是会误解这一点。他们总是担心自己会因为有弱点而被讨厌。他们无法理解，怎么可能会有人喜欢有弱点的自己，在自己的弱点暴露出来后还不反感自己。

事实上，自我实现型的人即使看到了你的弱点，也不会忘记你的优点。正因为如此，他们才会接纳有弱点的你。但神经症患者是做不到这一点的，他们无法同时看到你的弱点和长处。他们之所以如此，实际上是在逃避自己的弱点。

为了压抑自己内心的阴暗或不足，他们会摆出一副自己没有这些缺陷的样子。他们无法认同真实的自己。正是为了解决这种内心的矛盾，他们才会在你身上发现被自己压抑的东西，并加以谴责。

比如，他们的内心充满焦虑，害怕面临挑战，但却不想承认这一点。于是，当看到别人表现得心神不宁时，他们就会进行激烈的指责。比如：

> "你这人怎么这么没骨气呢？"
> "这种事有什么值得焦虑的？"
> "你怎么那么害怕失败呢？真没胆量！"
> "你就不能大大方方地发挥出自己的实力吗？你真是没用！"

他们总是会这样指责别人。相比之下，自我实现型的人即使是在面对紧张不安的弱者时也不会这样做，他们会尊重对方固有的人格，并表现出善意，等待对方自然变得坚强的那一天。他们也不会为了取悦对方而说一些善意的谎言。这一点可能会让依赖性很强的你感到有些不舒服。

尽管神经症患者会刻薄地指责你的弱点，但同时他们也会为了取悦你而说一些不走心的谎话。渴望被吹捧、赞美的你恐怕会对这些谎话非常受用。

“你是最棒的”这种根本不走心的谎话，神经症患者会满不在乎地说出来。而自我实现型的人若非真有这种感觉，是绝对不会说出什么“你最棒了”之类的话的。而那些依赖性强的幼稚之人，会对别人随口说出的话信以为真。

自我实现型的人不会对别人的赞美过于感激，尤其是那些言不由衷、滔滔不绝的谎言，他们只想敬而远之。所以他们很难理解为何依赖性强的人会对那种阿谀奉承的话感到如此欣喜。

尽管自我实现型的人不会为了取悦对方而编造谎言，但他们却乐于去发现他人的优点。而神经症患者不管关系多么亲近都会去挑对方的毛病。总之，他们内心的矛盾会给对方的心理产生非常消极的影响。与之相反，自我实现型的人内心和谐、人格统一，这会给对方的心理带来积极的影响。他们鼓励你，让你努力成为更优秀的人。在你努力改变的过程中，他们会一如既往地接纳你，并包容你的弱点。这也是他们与神经症患者的不同之处。后者的鼓励，本质上是在拒绝有弱点的你。在他们看来，你说了要变得强大，所以就不能再有弱点，这就是他们的逻辑。而自我接纳、自我实现型的人能够在自己的内心将这种矛盾进行整合。

我们虽然说了要“干劲十足地工作”，但这并不代表我们就不可以拥有放松的时刻，也不意味着我们不可以有情绪低落的时候。当你情绪低落时，自我实现型的人会温柔地接受你的一切。

正如前面所说，自我实现型的人不会因你的弱点而感到苦恼，他们有整合矛盾的能力。当你生病的时候，他们会说“快点好起来”，但这并不意味着他们讨厌生病的你。健康和疾病是完全不相容的两个方面。自我实现型的人既能够接纳和善待生病的你，同时也希望你能恢复健康。

当人感觉自己快要失去价值时，往往会变得焦虑不安。自我实现型的人对于何为价值有着自己的思考。当你与一个自我实现型的人交往时，即便丧失了自己所谓的价值，也无须焦虑不安。

## 优秀恋人的条件是什么

假如你的女朋友是一个自我实现型的人，假如你认为在公司努力工作是一件很好的事情，假如你觉得只有在社会上活跃才能体会到男性的价值，那你也会在她的帮助下活跃起来。

当另一半说“男人还是在社会上活跃一些比较好”时，有的男性可能会因无法施展抱负而感到不安。不过，如果你的女朋友是一个自我实现型的人，那即使你在事业或社交上遇到挫折，她也会告诉你“没关系”，并一如既往地温柔以待。你的挫折并不影响她对你的欣赏和认可。

这样的恋人就属于自我实现型的恋人。

每一个刚坠入爱河的人都会被感情冲昏头脑，尤其是在刚确认彼此的爱意时，他们的兴奋之情会溢于言表。

在这种情况下，有的人会情绪激动地说“我一个星期都没睡着”或者“跟之前一样，昨天晚上我也一夜没睡，一直在想念你”。越是这样说的人，越有可能不是自我实现型的人。即使欣喜若狂，也能安然入睡，这才是自我实现的特征之一。自我实现所具备的人格统合功能，能够让人在亢奋得热血沸腾时还能安睡。仔细想想便知，那些工作热情高涨的人，是不会得失眠恐惧症的。人格统合功能的不可思议之处就在于它能够同时接纳兴奋和平静。但是，那些依赖性强的人一听到恋人说“因为想念你，我一夜没合眼”，就高兴得心花怒放，然后自己也兴奋得失眠了。

如果你终日“衣带渐宽终不悔，为伊消得人憔悴”，那说明你的生活缺少建设性。这样的恋情最终会让你们双方陷入泥沼，陷入互相猜忌的痛苦之中。

要想实现自我确立，我们要和自我实现型的人交往。我们的生活越缺少建设性，就越要和充满建设性的人接触。

然而，在现实生活中，神经症患者却会避开自我实现型的人，与同为神经症患者的人交往。原本正是因为无法接受自我，他们才需要与接受自我的人交往，但事实却恰恰相反。只有接纳自我的人才能接纳他人。为了避免内在的价值受到威胁，他们会错误地与同样活得没有成效的人交往。

## 大大方方地表现才是最好的

综上所述，自我实现型的人（1）能够享受独处的乐趣，（2）不会因你的弱点感到烦恼，（3）不会刻意取悦别人。也就是说，他们会遵照本心，自然地行事。

自我实现型的人不会通过牺牲自己去维持和别人的关系；相反，他们会通过他人来做自己。

我曾翻译过美国心理学家利奥・巴斯卡利亚（Leo Buscaglia）的书，其中有这样一首诗："……太阳不是天空的全部，我通过你成为我自己。"正如这首诗所写，人通过他人来成为自己，拒绝别人并不会让你变得独立。

自我实现型的人绝不会通过自我牺牲来博取他人的好感，他们只是自然地去为对方做些什么，然后自然而然地给对方留下好印象。正因为他们做事情不是为了取悦别人，有时反而会给人留下深刻的印象。

这大概就是为什么那些装腔作势、掏空心思想表现自己的人并不能如愿吸引他人的关注，相反那些举止自然的人却具有强烈的魅力。那些因害怕被别人拒绝而表达善意的人，有时反而得不到别人的青睐，大概也是这个原因吧。

一个自我实现型的人绝不会希望对方为自己牺牲自我，实际上他们极不认可那种献身行为。他们甚至认为，自我牺牲式的奉献是依赖心理的表现。他们更希望对方能够对自己好一点。

神经症患者之所以情愿为对方牺牲自我，是为了隐藏自己的弱点。他们在无意识中觉得自己的弱点会成为双方关系的阻碍，认为这样做可以维持与对方的关系，同时觉得自己的要求也会成为与对方维持关系的障碍，从而变得畏缩不前。而自我实现型的人则不会有这种感觉。

简言之，与神经症患者相比，那些生活富有成效、自我实现型的人对生活的恐惧感要少得多。他们没有什么好怕的，所以能够大胆地行动，一切顺其自然。

与之相反，神经症患者的防御姿态不仅没能给他们带来内心的安宁，最终还妨碍了他们与他人进行深入的心灵交流。

## 你就是你自己

提高你自尊的价值到底是什么？伤害你神经症式自尊心的弱点又是什么呢？这种价值就是维系你小时候与重要他人之间关系的东西，而弱点正是威胁这段关系的东西。你一直在被神经症式的人际关系折磨，这导致你无法实现自我确立。

但是，现在你正在清除这种神经症式的人际关系，建立自我实现式的人际关系，并在其中确立自我。这也就是说，那些曾经威胁你人际关系安全的弱点，绝对不会再威胁你现在和今后的人际关系。而你现在所擅长的事情，也不能保证今后人际关系的稳定性。你是会改变的。

你不必为了满足对方的要求而压低身段。你只要顺从自己的内心，自然而然地去做，结果就会满足对方的要求。迄今为止，你一直在注意自己的言行是否达到了对方的期待。如果没有，你就会感到不安；如果实现了期待，你就会更加尽力地去满足他们。但从现在开始，你要记住，遵从自己内心的声音就够了，就足以满足对方。如果说今后有什么需要注意的，那也不是自己是否实现了对方的期待，而是自己是否忠实地遵循了内心的声音。

为了维持和对方的关系而伪装自己，是无法获得自我实现式的人际关系的。美国女性心理学家菲特·塔克曾写过这么一句话：

> 如果我们忠实于自身，就有可能拥有一段美好的人际关系。

正如这句话所说的，如果你想拥有一段美好的人际关系，就不要放弃做自己。做好自己，这不仅是为自己好，也是为朋友好。

那些在择业时找不到方向、认不清自己定位的人，大多是在内心深处对做自己感到羞耻的人。有的人明明适合做生意却要去读研究生。可能这种人在内心深处认为学术成就要比商业成就更“高贵”。事实上，有商业才能的人在生意场上也能与真正的学者建立良好的关系。有些人之所以无法拥有良好的人际关系，深层原因还是对被抛弃的恐惧在作祟。这种恐惧感导致他们失去了太多太多，甚至导致他们背叛了自己。而一个背叛自己的人是不可能与他人建立良好关系的。

## 对自己说谎，就是在自取灭亡

对别人说谎并不会使人走向毁灭，但对自己说谎却会使人自取灭亡。明明自己不是那样的人，却要把自己当成那样的人。无法直面自己真正的需求，在这个问题上对自己说谎，注定会走向毁灭。而自我实现型的人不会在这个问题上对自己说谎。这也是他们与那些墨守成规、死气沉沉之人的一大区别。

常言道“邪恶有其自身的魅力”。但我并不这么认为，在我看来，有魅力的不是邪恶，而是自然的状态。有魅力的人忠实于自己的愿望，这种忠实超越了善恶，从根本上贴近了真实。

不过，自然的状态未必总是符合规则。有魅力的人通常会活得自由奔放，他们不会墨守成规，所以有时才会显得很“邪恶”，甚至会做坏事。但同时，他们也会做那些循规蹈矩的人无法想象的好事。

他们在爱他人时慷慨又深沉，在与敌人战斗时也十分坚决。他们并不会为了获得别人的认可而遵守规则，而只有在自己的愿望与规则一致时，才会按照规则行事。正因为如此，他们的人际关系才是真实的。

那些不断背叛自己的人会渐渐分不清爱与恨。他们不会全心全意去爱谁，也不会痛痛快快地去恨。他们不是不去战斗，而是失去了战斗的能力。

自我实现型的人会为了保护自己所爱的人而拼命战斗，这对他们来说是理所当然的。那些为了得到他人的认可、为了避免失败而背叛自己的人，在背叛自己之后会更加不自信。而越是不自信，就越觉得有必要得到他人的认可，就越害怕失败。这样一来，他们就不知道自己真正想要的是什么了。也正是因为失去了欲望，他们只能遵照规则去生活。不过，他们已经没有能力去爱别人了。作为人，他们的功能是不健全的。自我实现型的人最终会实现自己的潜能，而神经症患者最终却会扼杀自己的可能性，他们原本拥有的能力也会逐渐退化。

菲特·塔克还说过这样一句话：

> 我们对自己越诚实，我们的执行力就会越强，也就会越有能力。

我们常常担心，如果我们做真实的自己，就无法得到他人的认可，但大多数时候事实恰恰相反。

## 为了美好的相遇

八面玲珑在大多数情况下都会被人看不起。一个见人说人话、见鬼说鬼话的人，身边聚集的通常也不是什么正派的人。一个背叛自己内心、处处取悦别人的人，最后的下场也会如此。

这样的人很少能得到周围人的认可。那些有可能接纳他们的人，他们反而很少接触到。我也有过这样的时期，总想讨别人的喜欢，但在经历了各种事情后，我开始意识到，这样做并没有为自己赢得认可。

正是出于对被抛弃的不安、对不被认可的恐惧，人们才会对自己撒谎、不坦诚面对自己，但他们往往事与愿违。只有诚实地活出自我的人，才会受到别人的认可和仰慕。有句话叫作“越害怕受伤的人越会受伤，越不怕受伤的人越不会受伤”。当你为了不受伤害而开启防御机制时，伤害你的人就会不可思议地聚集在你的周围。

那些对自己诚实的人会不断地遇到优秀的人，而对自己撒谎的人会接二连三地遇到神经症患者。那些忠实地面对自己内心需求的人，人生中会遇到很多美好的事物。而那些依赖性强、过分追求安全、就自己想要什么而撒谎的人，是看不见别人的内心世界的。只有当你听到自己内心的渴望时，你才能听到别人内心的声音。

这个世界上确实有一些很冷血的人，但也有很多热心肠的人；有胆小懦弱的人，也有勇敢无畏的人。然而，如果你看不清自己，就无法分辨哪些人冷血，哪些人热心。在这种情况下，即使你遇到一些很友善、很优秀的人，也可能把握不住机会与他们结交。

因此，在上文中，我列举了自我实现型的人的三个特点。

如果你想建立真正充满爱的人际关系，确立自我，过上独立的生活，那你应该从与这些成熟的人深入交往开始。

# 为何你身边总是聚集着情感勒索者

## 被人当冤大头的人，也会把别人当冤大头

有人将抑郁症分为自责型抑郁症和强迫型抑郁症两种类型，美国纽约医学院精神科教授阿列蒂就认可这种划分方式。弗洛姆·莱希曼等人列举了这两种类型的表现。在我看来，即使没有发展成抑郁症，一些有抑郁问题的亚健康者也可以被分为自责型和强迫型。而且尽管攻击行为与强迫行为不同，但攻击型也可视为强迫型的一种。

这类强迫型的亚健康者贪恋感情，对他人很苛求，是自我中心的利己主义者。一旦他们的自私要求得不到满足，就会对对方大加指责。在感情中，他们会不断纠缠对方，使对方产生负罪感，以此获得爱情。这种强迫型的亚健康者一旦遇上自责型的亚健康者，就会出现各种问题。

我曾读过一本名为《别扭的人际关系》的书。这本书很有趣，其中一个有趣之处就是它解释了对于某种类型的人来说，什么样的人容易成为冤大头。

比如，对于强迫型的亚健康者来说，自责型的亚健康者就容易成为冤大头；对于狂妄自大的人来说，那种什么错都往自己身上揽、不断自责的人就是冤大头。

实际上，无论是强迫型的亚健康者还是自责型的亚健康者，都是在寻求感情和依靠。这两种类型的人可能从小都缺少母爱，因此都想依赖对方。也正是因为这种高度一致的需求，他们很容易互相吸引。然而，他们都缺乏与年龄相符的情绪成熟度。

一方认为别人为自己服务是理所当然的。对于一个从未得到过真正的爱、在娇生惯养中长大的人，有这种想法也不足为奇。

另一方从小就生活在被过度干涉的环境中，整天忙于应对他人的期待。他们习惯了通过满足他人自私的要求来讨对方的欢心。

实际上，他们双方都没有在对方身上获得安全感，双方都因被拒绝而感到深深的不安。

一方之所以任性地提出无理要求，可能也是为了确认对方对自己的爱。由此可见，即使已经长大成人，他也没有摆脱幼儿时期的依赖性，仍然表现得像个蹒跚学步的孩子一样，要别人这样那样。

小孩子有时会有这样的表现。比如吃饭的时候，筷子从桌子上掉了下来，但他们却不允许别人去捡，非要让母亲去捡。再比如，明明自己能打开门，却非要母亲去开，不然就又哭又闹。那些要求多的亚健康者本质上与此类似。虽然他们不会像小孩子那样大哭大闹，但他们会故意激起对方的罪恶感，从而满足自己的要求。

这种人无论在钱的问题上吃过多少次亏，只要有人找他们借钱，他们就会一如既往地打开钱包。可是这个世界上还有很多擅长赖账的老赖，他们会假装不在家，东躲西藏，给债主带来很大的困扰。

一方无法拒绝别人的要求，十分软弱；另一方非但不诚实，而且狡猾。

在《别扭的人际关系》一书中，有一节叫作“追小偷的钱”，作者在其中写道：

> ……无法从这种交流中抽身的人很难与对方断绝关系。即使蒙受损失，他们也想进行一些温暖的交流。或者说，他们内心深处也不想失去这个与自己有过情感交流的人，无论这份感情有多么微不足道。

冤大头们想要满足的是自己儿时的愿望，也就是说，他们想要温暖的心灵交流。

这世界有很多强迫型的亚健康者，他们会向别人展示自己有多困难、多痛苦，以此来利用对方。无论他们提的要求有多么过分，别人都很难拒绝他们。虽然他们可能会在心里隐隐觉得这么做很蠢，但就是无法拒绝。

在我 40 多岁的时候，我已经出版了几十本书，这些书累计卖出了几百万册。尽管我收入不菲，但年近 50 还住在租来的房子里。

当我想给自己花钱时，我就会感受到压力，仿佛有人在说“你真是个可怕的利己主义者”。最后，我不得不把自己全部的收入都花在身边人身上。但后来有一天，我发现他们都拥有自己的住房，还有不少存款，而那段时期的我却负债累累。

只要他们开口让我做什么，哪怕是要借钱去做，我也会毫不犹豫地去做。当然，这不仅仅是经济上的问题。

仔细想想，我的前半生一直被这类人困扰、折磨着。我对温情的渴望使我的周围聚集了很多这样的人。

我对温柔以待的渴望，反而使我深受其害，这是我的弱点。

## “作为人”这句话所隐藏的陷阱

如今，当我回顾自己的前半生时，我深感自己一直在被不愉快的情绪所折磨。然而，尽管我活得很痛苦、很煎熬，但直到某个时期，我都没能和那些人断绝关系。我又气又恨，却无法发泄这种怨气，只能独自承受。

我想，如果不是因为想要得到温柔和爱，我马上就会和这些人断绝关系。可我做不到！所以，即使我一直像奴隶一样被折磨、被奴役，我也无法离开他们。

现在回想起来，就是我自己把这种强迫型的亚健康者招引来的。有一段时间，我身边就只有这种类型的人。就像把鱼食扔进池塘，鲤鱼就会马上聚集过来一样，我身边聚集了强迫型的亚健康者。

现在再回想自己当时的感受，我感到毛骨悚然。我从心底讨厌那些人，非常讨厌，但我当时却意识不到这一点。我不断努力与这些人保持良好的关系。哪怕我正发着低烧，只要一有学生叫我，我就会马上起身。我在四所大学教课，还参与好几档固定的广播和电视节目。除此之外，我还要写书、参加各种会议、做演讲。即便如此，只要学生找我，我还是会挤出睡觉的时间前去赴约。现在回想起来，那些学生和我一样，都处在亚健康或生病的状态。

“作为人……”这句话我不知道听过多少次。“我不是作为学生在和你对话，而是作为人和你对话”“我不是作为老师，而是作为人叫你来的”。一听到“作为人”，我就无力抗拒了。“你真的要回去了吗？我作为人问你。”当被人这么说时，我就算病死也没办法回去了。即使我高烧40℃，浑身上下难受得要死，但比起精神上的伤害，这点难受还算得上什么？

我所追求的正是作为人的爱，也正因如此，我才会对“作为人”这个词毫无抵抗力。在强迫型的亚健康者的怀柔攻势下，我的身心都成了奴隶。尽管我活得很不开心、很艰难，但还要对他们笑脸相迎，安抚他们的敌意。

有一段时间，我一直被一群不诚实的人包围，我想要的爱，他们丝毫没有给我。

## 真的爱，假的爱

常言道，越急于结婚的人，越容易成为婚姻诈骗的受害者。而那些在婚姻问题上顺其自然、不过多幻想的人反倒不容易被骗。

这就好比一个在缺爱的环境中长大的人会异常渴望温暖和亲情，正因如此，他们很容易被心怀不轨的人玩弄于股掌之间。婚姻诈骗固然可恶，但上当受骗的人心理也有问题。同理，拿弱者当冤大头固然不对，但当冤大头的人心理一定也有问题。

我也被亲戚利用过，可能是因为我当时恰好在他身边，尽管如此，我也是被他“选中”当冤大头的。

我的软弱让我每天都仿佛在被拷问：在那些不愉快的日子里，我究竟得到了什么？什么都没有。如果说有的话，那就是我单纯地被人看轻了。

那个从前总是用“作为人”来激发我的罪恶感，以便向我提出自私要求的学生，大概不会用同样的方式去对待其他老师。

我现在的真实感受是，我真的再也不想和这种人打交道了。我宁愿死也不想再体验这种不愉快的感觉。

然而，在这个世界上，很多童年缺爱的人都会渴望从他人身上得到温暖，从而成了强迫型的亚健康者的冤大头。还有一些人极度渴望温暖的关系，以至于压抑自己的厌恶，与极不诚实的人交往。

除非他们开始与正直的人交往，否则，没人能拯救他们。

希尔蒂在《幸福论》中写过这样一句话：

> 那些需要救赎的人，要么给自己找一个真诚的朋友，要么就找一个彻头彻尾的敌人。

那些试图通过不树敌来获得安全感的人，难免会被不愉快的心情所困扰。

人越是在缺爱的环境中长大，就越希望与他人建立温暖的关系。这种愿望越强烈，被他人利用的可能性就越高，就好像流落在海上，越是口渴，就越忍不住喝海水一样。

这个世界并不缺少背叛自己、折磨自己所爱的人，像奴隶一样侍奉狡猾之人的人。他们都想轻易地满足自己对感情的渴望。比如有的女性越是为钱发愁，就越想去挣“快钱”，其结果就是毁了自己。而不缺钱的女性则很少会像这样迷失自己。爱也是一样。在充盈的爱中长大的人有着敏锐的直觉，能够看穿虚伪的爱，很少会在感情问题上被骗。

黑社会也会利用有经济困难的人，因为有经济困难的人更容易被利用，精神上有困难的人也是如此。银行是不会把钱借给真正有困难的人的，但高利贷愿意借给他们。那些在幼儿时期没有得到充分关爱的人，日后很容易以各种方式寻求他人的关心。他们会把真正的自己伪装起来，或者为了讨好他人而努力改变自己。而那些幼时并不缺爱的人却不会这样做，也正是因为不伪装、大大方方地做自己，他们才更有魅力。即使不主动提出要求，别人也会关心他们。

相反，一味压抑自己的人，即使得到别人的关心，也不知道自己真正想要的是什么。那些被父母忽视、被父母当私有财产养大的人都无比渴望关爱，每天都在心里呐喊“过来看看我啊”。然后，他们就会招来一群狡诈的人。

那些在拒绝中长大的孩子，成年后很多精力都放在吸引他人的关注上，把自己弄得很狼狈。

如果一名女性在充满爱的环境中成长，那她怎么可能会为了留住某个男人而献身？

越是渴望温暖、渴望关爱的人，越容易招来情感勒索者，成为他们嗜血的对象。

## 不要成为他人的情绪垃圾站

如果你认为自己是在缺爱的环境中长大的，那你首先要明确承认自己很可能会被情感勒索者俘获。其次，你要下决心不再为了维持关系而去做别人的情绪垃圾站。为了获得他人的好感而去迎合对方，只会让自己狼狈不堪，迷失自我。

“让自己变得十分狼狈”是什么意思呢？

首先，正如我前面所说，那些通过别人的好感来维护自尊的人，周围往往会聚集很多心理扭曲的人。后者往往能非常敏锐地感知前者的弱点，也因此清楚地意识到，自己再怎么“作”，他们也绝不会拒绝自己。而事实也的确如此。

即使你因为害怕被拒绝而顺从对方的意志，也不会因此而感到轻松，相反，一种难以忍受的不快感会一直萦绕着你。

同样，那些心理扭曲的人同样会因压抑焦虑和敌意而感到不快，他们需要为这种不快感寻找一个出口。于是，那些试图通过安抚他人情绪来维护自己地位的人，就成了他们极好的情绪垃圾站。

美国一位心理学家的观点深深地震撼了我。她在书中写道，我们不应该成为他人焦虑和恐惧的垃圾站。她在论述这个观点时，使用了一个词叫作“dump”，这个词源自单词“dumpcar”，意为垃圾车——将恶臭熏天、人人厌弃的垃圾收集起来，然后扑通一下倒进垃圾站。在作者看来，别人把不愉快的情绪一股脑倒在你身上，就如同垃圾车往垃圾站倾倒垃圾一样。

当我读到这个词时，我不由地觉得作者形容得真是太精准了。她在书中写道：“我拒绝别人将他们的不安与恐惧，以及其他负面情绪倾倒到我身上。”

我们从这句话可以看出，别人将自己的不愉快统统甩给你，你自己也难辞其咎。他们之所以敢如此对你，正是源于你自身的弱点。

比如，缺爱的人可能特别渴望得到别人的关心、好感和认可，在这种冲动的作用下，就很容易成为别人的情绪垃圾站——毕竟人们不会把垃圾扔在干净的地方，而只会扔到脏乱的垃圾站。

那些心理扭曲的人是不会把自己心爱的人当作垃圾站的。因为他们本能地知道，自己任性的要求会被拒绝。他们也知道对方没什么弱点可以利用。

我刚开始当老师的时候，内心充满了不安、恐惧和沮丧。我非常渴望得到学生的认可。那段时间，学生们对我提出了各种各样的要求，他们甚至会在凌晨三四点钟敲我的房门。如果我没有锁门，他们甚至会直接推门进来，非常不客气。当时，其实我心里是很不爽的，但我会安慰自己说："如果你在学生需要时连及时提供安慰与咨询都做不到，那你还配做老师吗？你这样是得不到学生的尊敬的。"

那么，这些学生也会如此对待其他老师吗？大半夜跑到他们宿舍去咨询？然后不敲门就进去？还指责老师"对学生区别对待""我还以为您不是那样的老师呢"？事实上，他们并没有那么做，他们不会去纠缠其他老师，也不会指责他们。

我不仅对学生毫无保留地付出，对周围其他人也是如此。即便是在半夜，一有人叫我，我就会起身出去。有一次我参加某个会议时，为了赶时间去上课，我准备中途离席，结果就有人跳出来指责我："我们在讨论这么重要的事情，你是上班族吗？要赶时间？为什么不说实话呢？"我当时真的觉得特别崩溃。

后来，我由于过度劳累而病倒了，高烧40℃，但还在拼命地坚持工作。

就在那段时间，我收到了一封令我至今难忘的匿名信，信中写道："有人说您太神经过敏了。"这大概就是那些看到我近乎异常地为周围人付出的三观很正的学生所感觉到的吧。或许当时那些正经人之所以都不靠近我，就是因为我在他们眼里是一个彻头彻尾的怪人。那时的我就是一个垃圾站，只有想扔垃圾的人才会想到我。

在去美国之前，我的收入相当可观。但在我去美国时，我的名下没有任何财产。从某种意义上说，我身无分文。我又不赌博，钱都去哪里了呢？唉，全拿来给身边的人"进贡"了。

而在不了解事实、也未经任何调查的情况下，周刊杂志就在一篇文章里指责我用版税购买豪宅。可我找遍了全日本，也没找到我的豪宅在哪里。

当我读到那篇文章时，我的后背都在发冷。因为在我看来，我要真住了豪宅，指不定会招来多少嫉恨。

美国心理学家西伯利（Sibley）曾说，为别人牺牲的人，终究会被对方抛弃。事实的确如此，那些聚集在神经症患者周围的人，有几个希望他恢复正常的？这真是一个精辟的观点。

## 将献身视为美德的可怕之处

我们前面提到过《自我分析》一书中的皮克夫人。皮克夫人出生在美国俄亥俄州一个优渥的家庭里。然而，她患有支气管炎，30 年来深受其苦。

作者在书中指出："在看似和睦的家庭中，潜藏着强烈的情感矛盾，这常常会成为破坏家庭关系的导火索。"

有的家庭乍一看很和睦、很美满，但这种美满往往是通过某个人的牺牲来维持的。这个人或许正深受支气管哮喘或者神经症的折磨，但其他家庭成员却意识不到这一点，甚至觉得此人正在给他们添麻烦。

这位皮克夫人对其他人尽心尽力，正如书中所写：

> 皮克夫人对母亲百依百顺，对弟弟无私奉献，对周

> 围的人服务备至……在这些美德的背后，隐藏的是她为了得到别人的爱而被罪恶感驱使，像奴隶一样屈从。为了隐藏自己的憎恶而努力地去侍奉别人，这实际上和真正的爱相去甚远。

对于抑郁症患者来说，把敌意释放出来对于治疗很重要。对于皮克夫人来说也是如此。她的怨恨并没有指向那些把她当作工具人的父母和亲人，而是指向了她自己。也正因如此，她才会患上长期支气管哮喘。

一个社会要想良好地运转，就必须具备四种价值：绩效价值、充裕价值、和谐价值和献身价值。在不同的社会中，占主导地位的是不同的价值。就日本而言，占主导地位的是献身价值，这种价值一直在被宣扬。换句话说，为他人奉献比什么都重要。

也正因如此，我们才会犯这样的错误——把那些心理扭曲的人当作优秀的人，并赞美他们。我们意识不到实际上他们并不值得敬佩，因为他们是神经症患者。

另一方面，神经症患者也会内化社会对献身精神的推崇，将其作为自己的行为准则。

西伯利认为，每个人都会被自己头脑中设想的义务“绑架”，并因此生病甚至丧命。特别是那些压抑自己的情感、乞求他人关爱的人，会认为献身是一种义务。然后他们周围的人就会利用这一点去压榨他们。

他们一会儿被要求做那个，一会儿被要求做那个，如果哪件事没做，他们的内心就会升起一种罪恶感，因为他们觉得自己"应该"去做。即使把自己累垮，他们也会满足别人的无理要求。

西伯利表示，别人"说"，并不意味着自己有义务去"做"。然而，神经症患者却认为这就是自己的义务。

在献身价值高于其他价值的日本社会，没有人比神经症患者更容易被狡猾之人利用。他们是绝好的冤大头——既觉得帮助别人是自己的义务，又绝不会向他人求助。

面对狡猾之人的任性要求，他们无论如何都说不出同样任性的话。

一个从小就被迫扼杀自己情感、对父母无私奉献的人，做不到像别人对待自己那样对待别人。对他们来说，奉献就是自己的义务。

寒冬的清晨，他们起得比谁都早；炎炎夏日，也是他们在花园里除草，为家人跑腿。最终，他们成了父母炫耀的资本，成了他人眼中"别人家的孩子"。

为了消除父母的无价值感，他们不断地感谢父母的养育之恩；为了减少父母的自卑感，他们不断贬低那些令父母感到自卑的人，并赞美父母的伟大。

一旦他们做得不好，父母就会像魔鬼一样恶狠狠地瞪着他们，或者对他们大吼大叫，指责他们“太过分了”。

父母把自己的自卑、无价值感等负面情绪统统倾泻在孩子身上，如果这样还不痛快，就还会朝他们发脾气。

于是，孩子渐渐地扼杀了自己的情感，习惯于为别人的自私要求而献身，成为别人负面情绪的垃圾站，最终将自己搞得身心俱疲。而当他们如此狼狈的时候，那些一直聚集在旁的情感勒索者甚至连看都不看他们一眼。

## 不被爱的人会搞错生活方式

童年没有被父母爱过的人是孤独的。为了缓解孤独，他们强烈地寻求他人的认可和爱，并将真正的自己伪装了起来。然而，这种做法是错误的。

成年人之所以会痛苦，很大程度上是因为迷失了真实的自己。无论是为他人无私付出，还是充当他人负面情绪的垃圾站，都无法消除你内心的痛苦。

小时候，你周围的人都不重视真实的你，其结果就是你没有学会该如何爱自己。要想摆脱痛苦，除了成为真实的自己外别无他法。

为此，你首先要摒弃自己想要取悦身边人的想法。我自己也曾被这种情绪折磨过，觉得要生存下去，就必须取悦别人。这甚至成了我的行为法则。但正如西伯利所言，这绝不应该被当作行为法则。我开始觉得这也许真的不是我的义务。

当时，我身边的人很清楚按下哪个按钮就能“启动”我。

菲特·塔克的著作《你对我的看法与我无关》（*What You Think of Me is None of My Business*）中有这样一句话：

> 除非我们很相爱，否则我绝不会让你按到我的“按钮”。

千万不要让别人按下你的“按钮”。回想起被按下按钮、被他人随意操纵的日子，我很清楚自己的“按钮”是什么。它就是“如果你不这样做，别人就会对你有负面评价”的那个心魔。

如果你不想做，他们就会说“大家都在等着你做这件事”或“大家一直在问你什么时候去做”。

只要你在意别人的看法，就会一直被那些狡猾的人玩弄于股掌之间。

对于那些从小得到了足够的爱和理解的人来说，别人怎么看自己并没有那么重要。因此，他们既不会被狡猾的人玩弄，也不会活在自我伤害的恶性循环中。

不被爱时该如何生活，这是贯穿我半生的主题。我的研究也一直围绕着这个主题。被爱的人几乎不会搞错生活方式，但不被爱的人大多都会犯错。

不被爱的人很容易被他人操纵。对于狡猾的人来说，他们很好“搞定”。

你必须下定决心，绝不让他人操纵、控制你的人生。

我自己就是一个很容易被“搞定”的人。上高中时，一个朋友跟我说，有人说我很好说话，很容易就能“搞定”。这让我非常生气，但是他说得没错，我确实是这样的人。现在想来，那样评价我的人真是狡猾至极。不被爱的人，很容易就会被狡猾的人操纵、控制。

## 允许别人粗暴对待你的就是你自己

为什么不被爱的人会被人操纵和控制？因为他们害怕被别人

讨厌，害怕别人对自己有不好的评价。不过，我希望你考虑这样一个问题：你面前的这个人，会不会像你一样，也害怕你对他产生不好的评价？很可能并不会，对方并不害怕你，而你却在害怕他。

这一切都源自你的童年经历。小时候，你总是害怕父母不高兴，但你的父母却并不在意你怎么看待他们。他们觉得你顺从他们的意志是理所当然的。同样的事情一直延续到你成年之后。

你总是被人轻视，别人不管是批评你，还是威胁你，抑或是剥削你，本质上都是在轻视你。你害怕别人，但他们却不害怕你。为了摆脱这种有毒的关系，你必须清楚地意识到这一点。

你总是担心别人的看法。无论你是想做什么还是想说什么，只要别人一个质疑的眼神，你就会停下来。就连原本针对他人的攻击，也会因此而转向自己。但对方又会如何呢？他们也会如此对待你吗？很明显，并不会。他们只会在你“不听话”的时候攻击你，因你没有满足他们的期待而甩脸色或发火。对方会按照自己的意愿去控制你，但你会这样支配他们吗？

当对方指责你的时候，你会怎么做呢？你不会反驳，而是会把委屈和眼泪一起咽下去，将真实的自己伪装起来，表现出他们喜欢的样子。

你为他们做了那么多，他们可曾为你做过什么？

父母、兄弟姐妹还有朋友都打着各种冠冕堂皇的旗号剥削你，你可曾有一次反过来向他们提出这些要求吗？并没有。

他们评价你的标准和你评价他们的标准经常不一样。你觉得为了生存，必须要取悦他们，但是反过来，他们却并不觉得有义务让你开心。为了和他们友好相处，你压抑了自己的欲望，导致真正的自己窒息而亡。但他们会为了要和你好好相处而委屈自己吗？他们对你的期望构筑了你的人生，而他们的人生却不建立在你对他们的期望之上。

为了获得他们的认可，你耗费了很多时间与精力。但他们有没有为了得到你的认可也花了很多时间与精力呢？

你一直在担心别人不原谅自己，并因此觉得自己罪无可恕。但他们是否曾对自己的存在产生过和你一样的罪恶感呢？

当他们的片面评价开始支配你的生活时，你的人生就变成了一场悲剧。你觉得日子过得很难，不知道怎么办才好。你从来都没有单方面评价过他们，即使有，你的评价也不会对他们产生那么大的影响力。

为什么他们对你的评价足以扰乱你的内心，而你对他们的评价却掀不起任何波澜？你那么努力地取悦他们，为什么他们从来不想投桃报李，考虑一下你的感受和需求？你和他们一样，都是有血有肉的人啊！

为什么你要被他们单方面支配、伤害？难道是神赋予了他们控制你、破坏你人生的权力吗？

赋予他们破坏之力的不是神，而是你自己。

## 奴隶和主人的“沟通”是没有意义的

你不需要得到他们的好评才能生存！你只需要果断地去做就可以了。何必委屈自己，甚至把自己逼上神经症的深渊去讨好那些卑鄙小人？有必要为了他们的认可而牺牲自己吗？

当你开始对他们说“不”的时候，你会明白很多事情。

首先，你周围的人会变得非常狂躁。因为他们觉得使唤你、支配你是理所当然的，在他们眼里，你就是个奴隶。现在你这个奴隶居然有了主见，还敢反抗，这太不可思议了！他们肯定不会允许你这样做。所以你就会发现，他们可以想怎样就怎样，却不允许你有自己的想法，说白了，他们根本不认为你与他们拥有同等的权力。

当你表现出独立性时，你会强烈地感受到这一点。

但事实上，你也不认为自己和他们拥有同等的权力吧？否则为什么一直心甘情愿地被他们支配和剥削呢？为什么你不能要求他们做那些他们要求你做的事情呢？你有没有想过，你和他们一样，都是有血有肉的人。

正因为如此，他们的思考方式、感知方式才会对你的人生具有如此之大的破坏性，而你的思考方式和感知方式对他们来说，可能连被蚊子叮一口都算不上。

他们和你的“沟通”有一个大前提——你是奴隶，他们是主人，而这往往发生在无意识层面上。

明明他们是在命令你，却美其名曰在与你“沟通”；明明他们正在做的事是“A”，却偏偏说是“B”。

如果你拒绝接受那些无理的命令，他们就会说：“跟你真是没法沟通。”“我们根本就不是一样的人。”这是他们这样做在无意识层面的大前提。他们所说的话并不是他们真正想表达的意思。虽然他们嘴上说着“我们沟通一下”，但绝不会跟你真正沟通，而只是想着怎么把自己单方面的意志强加给你。

如果你拒绝成为他们的提线木偶，他们就会像我刚才说的那样暴跳如雷，或者用“我们沟通一下”之类的虚伪之词来哄骗你，让你放弃自己的主张。如果你仔细回味一下他们忽悠你的那些言谈举止，就能发现他们的真面目。

对他们来说，所谓的沟通，最终还是要让你心平气和地屈服于他们的意志。换句话说，你奴隶的身份在他们眼中是板上钉钉的事实。这就与“沟通”的本质形成了矛盾，但他们却丝毫意识不到这一点。而你—— 一个特别在意别人看法、还未走出神经症的人——对于这种“沟通”的幌子是完全没有抵抗力的。当他们说“你连沟通一下都不肯吗”时，你可能一下子就沦陷了，最终再次被他们俘获。

## 狡猾之人的完美陷阱

拒绝沟通的人不是你，而是对方。当你表达自己的想法时，对方不是说“你怎么能这么说呢”，就是说“你太任性了”，或是“你这个人怎么这么自私”。如果你说的话“不中听”，没有满足他们的心意，他们就会给你贴上“说话难听”的标签。

他们无法理解你和他们一样，也是有血有肉的人。而这就是你们之间“沟通”的前提。这就好比我鼓励你去建一栋 100 层的大楼，却不让你使用钢筋混凝土一样。先设定无法实现的条件，再让你去做，然后就变成了“我明明同意了呀”。在这个世界上，很多人都被狡猾之人的花言巧语忽悠得团团转，最后落入他们精心布下的陷阱。

他们将对自己来说重要的东西，巧妙包装成对你而言重要的东西。既然他们所说的话并不代表他们的真实意图，那就不要把他们的话当回事。只有这样，你才能从这个完美的陷阱中逃脱。

这时，他们可能会说："我们的关系不是挺好的吗？"不过，即使你回答"只有你这么认为，我并不觉得我们的关系好，而觉得自己在一味地顺从你的心意"，他们也不会觉得有什么问题。在这种情况下，你怎么解释都是白费力气。他们还可能会列举你过去为他们做过的种种，然后一脸无辜地跟你说"你那时候是多么温柔，怎么突然……"。即使你解释说自己当时那么做只是为了让他们开心，其实内心并不情愿，他们也会不以为然。

只要他们不把你的想法当回事，不管你说什么，结果都是一样的。

很多人会觉得，人与人之间总能找到办法沟通。而这正是他们一直无法从狡猾分子那里脱身的原因。这个陷阱比你想象的还要完美。正因如此，你才需要坚定"我的人生绝不让任何人操纵"的意志。

# Chapter 6

# 如何走出恶性循环，摆脱依赖与自卑

## 欺凌的结构

1981 年夏天，日本发生了一起 51 岁女服务员被杀案。8 月 12 日的《朝日新闻》刊登了事件概要，内容如下：

> 这名女服务员 17 岁时离家出走，在日本各地辗转流离，并在上了年纪之后，来到了最后工作的酒吧。老板夫妇不仅不支付给她工资，还对她打骂不断，最后还残忍地杀害了她。

文章最后总结道：“被杀让六田女士（被害人）最终得到了解脱，她的前半生经历了很多不幸，后半生也一直忍受着佐藤夫妇（加害人）的虐待，直至最后被杀害。她的很多故事我们都无从得知了。”

那么，为什么会发生这样的虐待惨剧呢？据说，这种虐待的程度令搜查当局都目瞪口呆。他们表示：“根本无法想象会有这样的事。”

加害者之所以如此丧尽天良，原因有很多。其中最重要的一点是，在虐待对方的时候，他们认为自己这样做是合情合理的。虐待的过程强化了虐待的欲望，虐待的持续也导致了虐待欲望的持续。

看到这样的新闻，人们可能会产生这样的疑问：遭受了如此非人的虐待，被害人为什么不逃走呢?

也许是因为她从小到大身边都是这样的人，那些人的所作所为与自己的老板没什么两样。她早已习惯了被这样对待，并没有觉得有什么不妥。

换句话说，人一旦在内心默许了别人的虐待，就会觉得自己被虐待是很自然的事情。而最奇怪的是，一旦你允许别人这样对待你，就算你离开了这个人，以后也还是会遇到类似的人。

在这个案件中，加害人残忍到让搜查当局不忍直视，人们不禁想问：为什么被害人会忍到最后？不过，我想，如果没有如此残忍的杀人案发生，人们是不会去思考这个问题的。

每天都做着同样事情的人看了这篇报道也会不解——不仅是受害者的父母、兄弟姐妹、朋友或爱人会去思考这个问题，那些长期受剥削的人也一定会去思考为什么。

那种如我前文所说，允许别人往自己身上倒垃圾情绪的人，不知不觉间，也会认为他人让自己不愉快是很正常的事吧。即使朋友不珍惜自己，任性地对待自己，他们也不会与朋友断绝关系，而是会一边难过，一边与其交往。尽管如此，当得知这个女服务员被杀事件时，他们也还是会问“为什么”。

我自己也是这样的人。前面说过，上高中时，有一个朋友告诉我，有人说我“很好搞定”，另一个朋友则当面说我“好说话得很”。我其实挺不喜欢那个家伙的，他总是把自己的难题丢给我，让我替他背锅。

他不好意思约喜欢的女孩出来，就强迫我替他去约，虽然我很不情愿，但还是去了。从那以后，他接二连三地给我出难题，把自己不想做的事统统丢给我去做。我任劳任怨不说，最后还落了个“好说话得很”。他说这话的时候，语气里充满了轻蔑。

但是反过来，如果是我让他帮我约我喜欢的女孩，结果会怎样呢？那个场景我根本无法想象。因为这实在是太离谱了，连在我脑海中一闪而过的可能性都没有。

他从骨子里看不起我，我也习惯了像这样被他看轻。我压抑着自己的不愉快，维持着我们之间的关系——我们都习惯了这样的生态位。

后来我才知道，他并不是对所有朋友都这样，而只对我一个人这样。

我还有一个朋友，也是会将各种无理要求强加于我。然而，每当我想跟他绝交的时候，他都会一秒钟变脸，然后对我说："我都这么低声下气地跟你道歉了……"接着，我就成了一个难为朋友、不包容的人。

在这个世界上，有很多和曾经的我一样的人，他们被迫去做一些令自己不快的事情，结果却被人取笑、看轻。

就这样，高中时代，我压抑着自己的种种不愉快，只为了能融入他们，不被抛弃。后来，我经历了很多事情，我再也不想压抑自己了。

现在想来，我和那个朋友相处得很不愉快，我非常清晰地记得那种不快。他似乎总是对我颐指气使，一副高高在上的样子，而我也觉得被那样对待是理所当然的。

然而，这一切都只是"现在想来"，当时，在反向形成的防御机制下，我表现出的可真是一副奴颜卑骨。

## 灵魂谋杀

正如前面所写，小时候没有被爱过的人会寻求温暖的心灵交流。这种渴望是如此强烈，以至于无论怎么被贬低，尊严怎么被践踏，他们都不愿意与对方断绝关系。

有一个词叫作“灵魂谋杀”，那种“让搜查当局都不忍直视”的谋杀其中就包含了灵魂谋杀。但与肉体谋杀不同，在只发生灵魂谋杀的情况下，人们不会去问“为什么”。

就数量而言，灵魂谋杀和肉体谋杀绝不是一个量级的。灵魂谋杀事件多得令人发指，只是人们并没有意识到这一点。

假设在一个家庭中有很多成年子女，其中有一个孩子主要照顾年迈的父母，不可思议的是，那个孩子照顾的时间越长，父母越认为就该由他来照顾自己。如果那个孩子有什么不周之处，他们就会心生不满，但却不会对其他孩子也有此要求。

从道理上讲，父母理应感激那个照顾自己的孩子，而对那些不提供照顾的孩子不满，但事实却恰恰相反。

人类真的很奇怪，有时最不满意的就是为自己付出最多的人。这真是太匪夷所思了！

有些事情你可以自己做，也可以让别人来做。不过，一旦你选择让别人来做，不知不觉间，你就会觉得这是对方的分内之事。如果别人哪天没有这么做，你就会觉得不正常。

利用他人的人和被利用的人，贬低他人的人和被贬低的人，支配他人的人和被支配的人，借出钱的人和借别人钱的人，轻蔑他人的人和被轻蔑的人——这些关系一旦确定，双方就会觉得理所当然。在做出某种行为之后，人的内心就会给自己找理由。所以当我们接受别人的不合理要求或遭到别人的贬低时，我们就会安慰自己说“有什么办法呢”。

不被爱的人会觉得自己不值得被爱，他们长大后也不知道该怎么去爱别人。这就导致他们会欺负比自己弱小的人。在过往不愉快的驱使下，他们从受害者转变成了施害者，通过蔑视他人来图一时痛快。

## 家庭暴力的真正原因

最近有很多人咨询我，为什么会出现家庭暴力？

过去，遭受家庭暴力的孩子会一直在那种状况下长大成人，父母的强势已经成了一种家庭文化，渗透进了孩子的内心。

在这种家庭中长大的人，心中充满了无处发泄的怒火。为了发泄这种怒火，他们很容易欺负比自己弱小的人，通常是他们的伴侣和孩子。发脾气、甩脸色、殴打……所有这些让他们的伴侣和孩子备受折磨。

在原生家庭中没有爆发出来的怒火，在结婚之后，发泄到了弱势的伴侣和孩子身上。但伴侣和孩子遭受的悲剧，与他幼时所经历的是不同的。

“觉得自己不值得被爱”之类的想法会令人极其痛苦，而那种“除非为别人付出，否则就不值得被爱”之类的感觉也很凄凉。为了活下去，孩子会极力成为“别人家的孩子”。但无论怎样伪装真实的自己、讨好父母，那种觉得自己不配得到爱的感觉都令人备受煎熬。再怎么压抑它，它也不会消失，而是会以某种形式继续影响人的行为。

很多父母打电话到电台咨询我，为什么自己的孩子一直以来都很乖很老实，但不知为何突然就变得很暴力，走上了违法犯罪的道路，或者拒绝上学……这些父母似乎无论如何都无法理解，正是因为他们的孩子一直以来都很“听话”，才会变成现在这样。他们只看到了孩子的行为，却没有看到孩子行为背后的动机。他们不明白，孩子之所以会伪装成“好孩子”，是因为他们害怕被非议、被抛弃，想要得到疼爱。

过去，这类孩子会一直忍受着这种不快感，直到结婚，为人父母。然后，他们就会对自己的妻儿横眉冷对，甚至暴力相向。

在这个世界上，有支配者就有被支配者，有轻视别人者就有被轻视者。正如我之前所说的，他们双方都接受了这种身份。然而，尽管被轻视的一方认为自己不被爱是理所当然的，但却会因此感到很不愉快。的确，即使别人的行为不恰当，人的内心也会多多少少生出一些接受的理由。但无论如何，不快感都是确实存在的。

不！正确的说法应该是，即使感到不快，他们也能接受。而且有些人会为了维系现有的关系而压抑这种不快感。

## 能拯救你的，或许是你“从未想过的人”

现在，你需要做的就是拒绝那些让你感到不快却被你理所当然地接受的事情。它们绝不是理所当然的事情，而是匪夷所思的事情。你要明确地对它们说“不”。然而，由于你的内心已经接受了它们，说“不”可能会让你产生罪恶感。但你要意识到，你的罪恶感本质上只是一种恐惧，不过是对他人的依赖心理的表现，并不涉及良知层面。

你可以通过憎恨那个对你来说很重要的人来找回真实的自己。一直被他人贬低的人，在对贬低自己的人提出的不合理、任性的要求说“不”的时候，会产生强烈的罪恶感。这样的人已经习惯了被利用、被榨取。除非打破这个习惯，否则他们永远都不可能活得轻松自在。为此，他们必须和那些人断绝来往，然后和以前“从未想过的人”交往。

然而，由于他们已经习惯了被支配，因此会在不知不觉中再次被那类人吸引。这就导致他们即便现在和那些人断绝来往，将来也还是容易遇到那样的人，其结果就是仍然摆脱不了不愉快的感觉，永远哀叹自己是个“没人爱的孤独者”。

因此，对他们来说，重要的是要与“从未想过的人”交往。被不快感折磨的人要学会与一直以来的习惯模式做斗争。

田中角荣曾说过：“亲兄弟是亲兄弟，选举是选举。”意思大概是说，如果你会输给“因为我们是父子”或“因为我们是兄弟”之类的话，那你根本就赢不了选举。

人们常说“选举就是战争”。这同样可用来比喻人的自我实现。为了实现自我的潜能，获得精神成长，人有时要把“找到自己”“自我形成”“情感成熟”“自我同一性确立”等不管你想怎么称呼的东西看得高于一切。

尤其是当你身边都是情绪不成熟的人时，自我实现会被视作一种“背叛”。

幼稚的人拒绝成熟，更讨厌看到身边人的成长。一直以来，他们总是以“因为我们是父子”“因为我们是兄弟”“因为我们是朋友”这样的理由来“绑架”别人。

在此，“亲兄弟是亲兄弟，选举是选举”这句话也可以直接改成“亲兄弟是亲兄弟，自我实现是自我实现”。

自我实现型的人能够帮助别人也实现自我。然而，那些忙于自我防御的人却只会妨碍别人实现自我。

你必须识别出这两种不同的人：一种人欣赏、支持你成为真实的自己；另一种人不想让你成为真实的自己，无论如何都不允许你做真实的自己。如果你正在和第二种人交往，那第一种人对你来讲就是“从未想过的人”。

我自己就是试着这样改变人际关系的，并且惊讶于与人交往竟然可以如此美妙且充实。这种轻松和快乐深深地震撼了我。在这样的交往中，我第一次对过去交往中存在的近乎完美的欺骗感到背脊发凉。

不要和那些自我欺骗的人说出的冠冕堂皇的理由争论。明明是他们贪婪，不，正因为他们贪婪，所以才到处炫耀自己的无私。正因为他们是冷酷的利己主义者，所以才会强调自己“博爱”，并陶醉于这种装腔作势。与这种人争辩只会浪费自己的时间和精力。一边和他们斗争一边实现自我是不可能的。他们只会阻碍你的进步、破坏你的好心情，还美其名曰都是“为了你好”。

## 溺水的人必会抓住稻草

如果一个对自己隐瞒重要事情的人向别人夸口“我没有什么可隐瞒的”，结果会如何呢？即使在他这么说的时候，别人说他“你这不是此地无银三百两吗”或者“你这么说不是因为自卑吗”，他也不会承认。他会一边自称“没有什么好隐瞒的”，一边对别人隐瞒“自卑的感觉”。

我们可以和一个承认自己懦弱的人交往，即使他真的很怯懦；我们也可以和一个承认自己“没那么有爱心”的人交往，即使他真的很冷漠或情感匮乏。

但是，我们无法和那些隐藏真实自己的人交往。无论多么胆小的人，只要承认自己胆小，我们就能与他交往，就能与他讨论“我想这样做”“我讨厌这样的事情”等有关自我实现的话题。

如果一个人明明对自己隐瞒了很多东西，却觉得“我没有什么可隐瞒的”，那你是无法和他进行心灵交流的。比如你对他说“我想做 A”，而他不希望你这样做，于是，他就会说诸如“你竟然想那样做，真是个无可救药的利己主义者”或者“你是不是生病了”“你累了吧”之类的话。任何无法满足他们自私要求的东西都会被他们视为“有病”的征兆。

比如有的父母就认为孩子“应该”做这样或那样的事。在这种情况下，想要一边得到父母的认可一边实现自我是不可能的。这样的父母甚至会否定自己的想法，而且还要求孩子接受自己的否定。明明是在暗示孩子要怎样做，却不承认这是自己的命令，还禁止孩子将其视为命令。只要孩子说的话不符合父亲自私的期待，就会被父亲斥责“你就会抱怨”“你不配说这种话”。这个孩子该怎么办才好呢？他有两个选择——要么不断称赞父亲“哇，好厉害”，并因此患上神经症，要么脱离父亲成长为一个真正的人。不仅是亲子关系，夫妻、朋友之间也是如此。

如果你的丈夫或朋友把你在崩溃边缘、想要寻找救命稻草时说的话当作“你又在抱怨”时，那你就要远离他们。然而，有的人即使说了“我要远离他们”，也还是离不开。再虚伪的关系，童年缺爱的人也不想失去。

常言道：“溺水的人会抓住救命稻草。”那些小时候就能够真实面对自己内心的人，能够切断虚假的关系，若干年后，他们的周围就会聚集很多成熟的人，包括能够理解对方内心的人、能够珍惜对方的人，以及能够为对方的自我实现感到高兴的人。与之相反，如果一个人小时候不接纳真实的自己，很难断绝虚伪的关系，长大后，他的四周就会变成一个相互羁绊、相互嫉妒的世界，身边满是支配者、卑鄙者和剥削者。

## 果断地说“不”

对于“不被爱的时候该如何生活”这一人生问题，我是这样回答的：

> 看穿伪装成爱的憎恨、伪装成无私的贪婪，并且鼓起勇气断绝这种欺骗关系。

也许你的父母并不爱你，他们甚至都没有爱过你，证据就是现在的你仍摆脱不了他们的影响。他们只顾自己的面子，全然不顾你受了多少委屈。你又何必对他们如此执着呢？你的朋友从心底瞧不起你、利用你，你又何必为了他们而扭曲真实的自己呢？

一定要坚决地说“不”，即使这会让你产生罪恶感。不过，正如我前面所写，这正是你依赖心理的表现。在充满欺骗的环境中长大的你，所谓的罪恶感和良心本质上只是对别人消极评价的恐惧，根本谈不上高尚。好好反省一下自己吧。

如果你觉得自己说不出口，那你不过是一个用所谓的良心来合理化自己依赖性的胆小鬼。你和你身边的那些人一样，都是骗子。

只有当你正面承认内心的自我欺骗，你才能真正信任自己并站起来。

如果你继续欺骗自己，那你将永远都无法信任自己，也无法对别人说“不”。在看穿周围人骗局的同时，你也会看透自己内心的自我欺骗。想逃避这种考验，无异于自取灭亡。

## 烦恼无法助你成长

即使没有为对方付出艰辛的努力，只要你能从心底感受到与对方在一起的快乐，也等于给对方带来了快乐。在这样的关系中，人的情绪会逐渐走向成熟。相反，如果你为了不被人讨厌而强迫自己变成他人喜欢的样子，那无论何时你的情绪都不会成熟。

虽然故作姿态也是一种防御机制，能够暂时缓解你的焦虑，但却不会让你感到快乐。对方也能感受到你的防御，从而变得拘谨。如果他们觉得和你在一起无法放松，就会选择离开你。

曾经有一则广告，广告语是“我们都是在烦恼中长大的”。但事实并非如此。我认为烦恼会妨碍人的情绪成熟，不然我的情绪现在该是何等的成熟啊。

虽然我觉得这则广告并非想表达这么复杂的意思，而只是说谁年轻的时候都会有烦恼，但即便如此，用这个话题来做广告也是欠考虑的。

在这一点上，应该有更好的表达方式。我并不是想挑这则广告的毛病，而只是觉得烦恼是会毁掉一个人的。在我看来，只要烦恼还在，我们就没办法成长。这是我回顾自己烦恼重重的过去所产生的感受。

当我们为别人的看法而烦恼时，我们是没有力量成长的；当我们和别人愉快相处时，这种心与心的接触、交融能够带给我们力量，使我们得到成长。

我们通过心灵的交流而成长，而最妨碍心灵交流的就是内心的防卫姿态——为了不让别人了解自己的内心世界、为了不被别人嘲笑而时刻保持警觉。体验过心灵交流的人不会惧怕他人的轻蔑，也因此能不断积累交流的经验。他们能够实现自己的潜能，人际关系也会更加顺畅。

他们不害怕失败，因为他们不在乎别人会如何看待自己的失败，也因此能够抓住机会去实现自我，坦然面对人生中的各种挑战。

相反，那些从小被严重自卑且支配性很强的父母养大的孩子，是体验不到心灵交流的。失败对他们来说就意味着绝望。即使是成年后，他们也时刻提防着别人的轻视。一旦失败，他们就会产生被他人否定的错觉。

由于无法体验到与他人的心灵交流，他们越来越在意别人的看法，筑起的心墙越来越高，从而更加无法与他人进行心灵交流。

不被爱的人会筑起防御的围墙，封闭自己的内心。不被爱的时候该如何生活，这是人生的一大难题。

## 不被爱的人的恶性循环

在这个世界上，有的人从小就能够接纳真实的自己。他们即使意识到自己的不足，也不认为别人会因此嘲笑自己，所以他们并不担心别人的眼光。他们能够接受有缺点的自己，也能接受同样有不足的他人。总之，他们能够享受人际关系带来的幸福，能够积极地面对一切，对外界充满兴趣。

人在被接纳的时候会感到很安心，从而能够获得成长。那些从小不用看周围人脸色行事的人，也就是被爱的人，会充满自信，感受到生活的意义，并逐渐实现自我。

他们无论是选择朋友、恋人还是职业，都不会有过多的纠结，因此能进入一个良性循环中，幸福地度过一生。但是，那些从小就要看周围人脸色的人，那些通过迎合周围人来保护自己的人，那些通过牺牲自己来求得周围人谅解的人，那些只有成为对周围人有用的“好孩子”才能被接受的人——即不被爱的人，他们往往一生都不快乐。

为了隐藏自己的弱点而进行自我防御，就会一步步把自己逼入绝境，最终陷入恶性循环中。他们并非有意为之，但似乎也别无选择。不被爱的人一生都会活在父母的阴影之下，来自父母的失望时刻影响着他们。

有的父母想通过孩子的成功来消除自己的自卑感，所以对孩子寄予厚望。孩子的弱点并不是对孩子自己不利，而是对他们不利。所以一旦孩子达不到他们的期望，他们就会感到极度失望、怒不可遏。在这种环境下长大的孩子，为了不失去别人的尊重，不失去工作，就会隐藏自己的弱点。他们害怕把真正的自己暴露在别人面前，这种恐惧感导致他们无法信任他人。

为了保护自己，他们最终导致自己被孤立，越用力就越动弹不得。明明同事没有拖他们后腿的意思，但他们却始终心存戒备，时刻谨防同事拖累自己。他们越是希望出人头地，就越觉得别人会指责自己的弱点，越是隐藏自己的弱点。其结果就是陷入无端的妄想之中，困在自己的弱点里痛苦万分。

如何走出这个恶性循环，进入一个良性循环中呢？你不必为了获得幸福而如此隐藏自己。如果你能够与他人进行心与心之间的交流，就不会再因自己的弱点而感到痛苦。

事实上，认为你的弱点是问题的人是你自己，而不是别人。但对于这一点，陷入困境的人是无论如何都理解不了的。那些对你的弱点不满的人是你的父母，而非你的朋友。你的父母想通过你的成功来往自己脸上贴金，让自己有面子，所以才会对你的弱点感到愤怒和失望，但你的朋友不会。

当我们与他人进行心灵交流时，我们就能够理解他人的情感动向。但是那些被自己的弱点束缚的人，由于缺少与他人的心灵交流，因此无法理解他人的内心感受。他们只在意自己，丝毫考虑不到自己的行为是否会伤害到别人。

如果精神得不到成长，那么增长的就只有年龄而已。

那些与他人缺乏心灵交流的人在很多方面都会产生错觉。当他们为了保护自己而发声时，经常会伤害到别人。一个缺乏自信的人经常会为了让自己看起来很了不起而自吹自擂。这种自我吹嘘的话很可能会伤害到对方。比如，一个自卑的人很想通过金钱来彰显自己的强大，因此说了一些看不起穷人的话。他可能完全没有想过自己的话会伤害到对方，而只是想表现自己有多么了不起、多么厉害。但被他们伤害的人最终都会离他们而去。

很多人明明只想保护自己，最终却落得一个被孤立的下场。不被爱的人的人生就好像陷入了一个泥潭，越是挣扎，就陷得越深。

## 妒忌心强的人会滥用正义与真理

那些无法与他人进行心灵交流，觉得周围的世界充满了敌意的孩子会变得焦虑不安。如何处理这种焦虑将成为他们一生的课题。而真正的解决之道就是与他人进行心灵交流，但这里存在一个悖论，即这种焦虑正是源于他们无法进行心灵交流。

只有与他人进行心与心之间的交流，一个人才能获得成长。也就是说，他才能从依赖性成长转变为自律性成长。但是，焦虑的人因无法与他人交流，内心一直残存着依赖性。于是，他们开启了各种防御机制。

不管是叫嚣着维护正义和真理，还是否定他人的价值，抑或是不正面面对问题而是一笑置之，都是他们惯用的防御机制。他们的安全感完全取决于他人的看法，如果他们不像自己期望的那样受欢迎，就会感到焦虑不安，但他们自己却意识不到这一点。

为了防御这种焦虑的情绪，他们打着正义或真理的旗号来使他人屈服。他们会宣称，当今世界到处充满腐败，现代人根本没有意识到危机的临近，世人都不够清醒，对于真理都视而不见。

他们总觉得别人都很无知，只有自己发现了真理，通晓了一切，而从来不去思考“为什么只有自己发现了真理”。

像这样大声维护所谓的“正义与真理”，傲慢地对别人指指点点，其实都是为了缓解自己内心的焦虑。

我想这正是人们不喜欢这类人的原因吧。对于那些喜欢高谈阔论和看上去十分严肃的人，人们总是没什么好感，避之唯恐不及。

虽然我们很难将他们隐藏的动机用语言表达出来，但却总能以某种方式感知到它们。尽管他们说得似乎挺有道理，但总让人感觉“太假了”，因此不愿意去相信。很多人讨厌的不是正义或真理本身，而是鼓吹者所隐藏的动机。

只要你克服不了自身的依赖性，就只能想办法来防御内心的焦虑。但很明显，你的防御机制未必会被他人接受。如果你试图用正义或真理当幌子来缓解内心的焦虑，那可能永远都达不到目的。

那些依赖性强的人总是会纠缠别人，其结果就是被别人讨厌。明明需要别人却被人拒绝，真的很悲哀。但即使被拒绝，他们也不会说“好的，再见”，而是会继续纠缠，因为被那个人接受关乎自己的安全感。

就这样，他们一面追求安全感和满足感，一面被神经症式的焦虑和不满所困扰。他们表面上用正义和真理来指责他人，实际上内心大多很羡慕那些被指责的人。高呼正义和真理的真正动机往往是嫉妒。

## 欢笑也是为了逃避焦虑

据说，那些对自己失望的人最后的防御机制就是指责他人。同样，如果你想要得到别人的认可，而别人并没有如你所愿，为了解决内心的矛盾，你可能也会采取这种否定别人的方式。

像这样与他人丧失联结的人经常会持有一种“否定的哲学”。但是，无论在语言上怎么否定，他的依赖性都不会因此而消失，焦虑也不会得到缓解。他其实只是想通过否定他人来凌驾于他人之上。正因为如此，他否定他人的言辞有时会很激烈。这样的人会一面渴望接近他人，一面又在不知不觉中回避他人。明明想要追求世俗意义上的幸福，却又在不知不觉中与幸福背道而驰。这样的人何其多。

一面渴望世俗的幸福，一面又在意他人的看法，在这种情况下，愿望永远都不会实现。实际上，当他们开始虚张声势地否定他人来欲盖弥彰时，他们内心深处对幸福的向往会变得更加强烈。

那为什么他们不能承认这一点呢？因为一旦承认，就意味着他们承认了真实的自己。他们无法承认真实的自己，因为在他们眼里，那个开了 18 层滤镜的人才是真实的自己。

总之，人们会通过纠缠、否定别人来逃避焦虑。不过，摆脱焦虑的方法远不止这些，欢笑其实也是一种逃避焦虑的方法。

我年轻的时候经常大笑。“你又在傻笑了”，不知为何，过去总有人这么说我。但我并没有把这种大笑看作什么坏事，甚至认为这是自己性格开朗的表现。然而，在读了罗洛·梅的《焦虑的意义》一书后，我突然感到了些许不安。书中写道，“开怀大笑”其实是一种对抗焦虑的方法。虽然我觉得自己的大笑是天性开朗所致，但似乎也意识到或许还有别的原因。在我过去疯狂读书的年代，忘了在哪里读到一句话，大意是：幸福和笑是两回事。这句话至今仍深深地留在我的脑海里。当类似的观点旗帜鲜明地出现在罗洛·梅对焦虑的临床分析中时，我开始觉得：“原来真的是这么回事啊。”

原来我曾经的放声大笑是为了隐藏内心的不安，想要通过笑声来驱赶焦虑。想到这里，我深感人类的意志果然是无法战胜自然的。我的笑并不是因为自己想笑，也不是因为想弄出点什么动静，但内心的焦虑全然不顾我的意愿，就这样让我突然笑出声来。

在《焦虑的意义》一书中，罗洛·梅写道：

虽然她在谈话时看上去友好且自如，但在这之下，却能窥见其焦虑与紧张的迹象。这种紧张的情绪在以下事实中表现得尤为明显：她经常欢快地大笑，可在欢笑的时候，眼神却充满了戒备，谈笑间也经常流露出异常惊愕的表情。

## 如果你讨厌自己，就无法开始任何事情

我们别无选择，最终只能做真实的自己。即使假装平静，在别人面前虚张声势，内心深处也十分清楚原本的自己是什么样子的。于是，在面对周围的人时，最终还是内心深处的那个自己在做出反应。无论我们想怎么否定它，都无法真正做到。我们越是否定真实的自己，就越是忍不住发笑。

我为什么想要用笑来掩盖我的神经症性焦虑呢？这实际上源于我的父亲。在我很小的时候，我父亲就会一边说我“真没用”，一边对着我失望地叹气。在这种环境下长大的我从心底也相信，自己就是个没用的人。

尽管父亲拒绝接受真正的我，但我还是会因想要得到他的认可而苦恼。于是，我也拒绝接受真正的自己，为了迎合父亲而在他面前伪装成他喜欢的样子。

真正的自己和必须成为的自己之间的矛盾，正是我神经症性焦虑的根源。因此，只要我还执着于他人尤其是那些拒绝接受真正的我之人的认可，就永远无法解脱出来。

无论我们是强颜欢笑，还是高呼真理与正义，抑或是轻率地否定世间的价值，都无法摆脱这种神经症性的焦虑。

实际上，这样做只会使自己失去与他人进行心灵交流的机会。如果我们想要通过与他人进行心灵交流来摆脱焦虑，就应该停止刻意高呼正义与真理，并且诚心诚意地承认这个世界的价值。

而且最重要的是，要相信别人绝对不会讨厌真实的你，而且周围的世界也不像你想的那样充满敌意。

能否与他人进行心灵交流取决于你是否相信别人，不讨厌真实的自己。只要你认为别人会讨厌真实的自己，就不可避免地会产生防备心理。

如果你是在缺爱的环境中长大的，如果你的父母缺乏爱的能力，那他们很可能不会爱真实的你。如果你的父母本身就有很强烈的自我厌恶感，那作为孩子的你被他们讨厌，也是理所当然的事情。

而且由于父母对自己很重要，因此你也会讨厌自己。然而，最麻烦的事情是，一旦你开始自我厌恶，你就会害怕自己接触的所有人都讨厌自己，觉得自己是那种会被别人讨厌的人。然而事实并非如此。

父母讨厌自己的孩子，但却不愿意承认。当意识到自己被父母讨厌后，孩子也会讨厌父母。但由于惧怕父母，孩子只能压抑自己的感受，并认为父母这样做是为自己好，他们是爱自己的。而被坦诚的父母养育成人的人，是很难理解这种奇怪的心理的。

相互仇视是不好的，我们应该相亲相爱。因此，即使我们真的非常讨厌对方，也会努力说服自己"我们很爱对方"。这其实就是在欺骗自己的内心，就是在压抑自己。

有些人会通过欺骗自己来维持关系，他们会有意识地将自己真正的情感封闭起来。这就是所谓的伪相互性——看上去很和谐，但彼此心底都讨厌对方，也没有心灵交流。

## 永远不要怕自己不被爱

那些讨厌自己的人对周围的人也怀有厌恶感，不过他们会压抑这种感觉。他们把对父母的厌恶、对兄弟姐妹的厌恶都隐藏在内心深处，压抑到潜意识中。为什么他们要压抑这种情感呢？因为周围的人要比他们强大得多，他们不敢放肆地去讨厌，甚至都不敢违背对方的期待。这些神经症患者在某些地方完全误解了现实，活在错觉之中。

比如某个人对于自己在家庭中的位置可能就存在误解。其他家庭成员对他很友善，没有明显表现出对他的厌恶，并不代表他对其他人就很重要。其实他可能只是家庭成员中的配角。但是家人在他心中非常重要，所以他就会产生一种错觉，以为自己对于家人来讲也非常重要。

自己认为对方是非常重要的人，就会错误地认为自己对于对方也很重要。现实中自己可能仅仅是个可有可无的人，配角一般的存在。

虽然是配角，但并不代表负担就会较轻，由于你周围的人都是剥削型性格，你很可能会在各方面被他们利用。

自我厌恶的人就是在这种悲惨的环境中长大的。周围的人禁止他们表现出厌恶的情绪，也禁止他们离开，因此他们最终只能陷入自我厌恶的情绪中。

总之，这样的人非常值得同情。即使是俘虏也有精神上的自由，至少能够憎恨囚禁他们的人，可自我厌恶的人连这个权力都被剥夺了。

如果一个人无法正视自己在现实中的位置、无法正视内心深处的真实情感，就难免会陷入自我厌恶的情绪中。

要想摆脱这种厌恶之情，首先要正视现实，并接受现实。这毫无疑问会很困难。自己是不被人爱的、是被人讨厌的。谁能平静接受这么惨淡的事实呢？我想有些人是无法接受的吧。

然而，为了能够轻松地活着，无论多么辛酸的现实，我们都必须接受。

如果我们能够在爱中成长，那是再好不过了；如果不能，那就接受不被爱的事实。最糟糕的情况莫过于，你明明没人爱，却还深信自己是被爱着的。自我厌恶的人就做了这个最坏的选择。

对于自我厌恶的人来说，活着是很无趣的，他们无法忘我地沉浸在某件事中，活着就只有痛苦和不安。

其实活着是一件很自然的事情，就像醒来后说“早安”一样理所当然。

即便没有父母的爱，人也能活下去。我们之所以会觉得活不下去，是因为我们误以为缺少某样东西就没法活。

父母的爱固然美好，但如果你明明没能拥有父母之爱，却深信自己拥有，那你的生存就会变得很艰难。

不被爱的时候该如何生活，关于这一点，你需要知道，要想解决内心的焦虑与纠结，唯一的方法就是直面现实。

无论现实多么可怕，我们都不能逃避。